포코그란데의
손뜨개 소품

PocoGrande's
Knitting Book

포코그란데의 손뜨개 소품

강보송 지음

팜파스

제가 처음 뜨개에 매력을 느끼기 시작한 것은 금속공예를 전공하며 다뤄온 금속과는 전혀 다른 성질의 실이라는 재료가 가진 융통성 때문이었습니다.

부주의로 인해 깨어지거나 부서지는 경우가 없고, 녹아내리거나 찌그러지는 법도 없으니까요. 실이 일련의 과정을 거치면 모자나 스웨터가 되기도 하고 식물이나 동물이 되기도 합니다. 그래서 실과 바늘을 잡는 순간이면 무궁무진한 4차원의 공간 속에 홀로 입장하는 느낌이 듭니다.

이 책을 만들며 나는 왜 뜨개를 할까에 대해 곰곰이 생각해보았습니다.

뜨개는 놀라울 만큼 정직하고 변수가 없는 작업입니다. 정답도 없고 해석도 각자 하기 나름이에요. 조금 틀리더라도 풀어서 다시 하면 되고 털실이 없으면 철사로도 작업을 이어갈 수 있는, 굉장히 열린 작업이어서 매력적입니다. 살다 보면 노력하고 공들인 그대로 결과가 나오는 일이 생각보다 많지 않은데, 그런 부분에서도 큰 위안을 받았던 것 같습니다.

2013년에 공방을 오픈하고 여러 형태로 활동하며 연구해온 재미있고 유연한 포코그란데만의 뜨개를 소개해드리고 싶습니다.

이 책을 보는 분들도 손으로 무언가를 창조하는 즐거움과 소소한 활동에서 오는 큰 성취감을 느껴보셨으면 합니다.

뜨개가 어렵게 느껴졌던 분들이 있다면 조금이나마 도움이 되기를 바랍니다.

감사합니다.

포코그란데 강보송

Contents

PART 1
실전 레슨

PART 2
작품 만들기

Basic

준비하는 시간

Basic 01

이 책에 사용한 도구

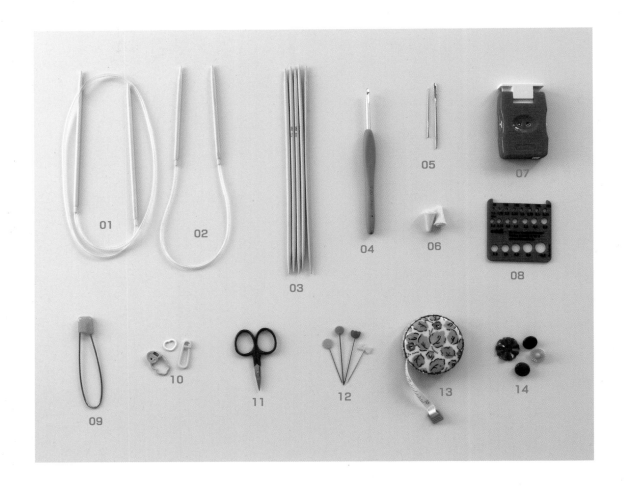

01_ 60cm 대바늘(줄바늘) 가장 기본이 되는 도구입니다. 용도에 따라 길이, 소재, 굵기가 다양합니다. 대바늘의 굵기는 바늘의 지름으로 결정됩니다. 초보에게는 미끄러운 금속 바늘보다 나무 바늘을 추천해요. 줄바늘의 길이는 용도에 따라 다양한데 이 책의 작업들은 대부분 60cm 줄바늘을 사용했습니다.

02_ 40cm 대바늘(줄바늘) 모자를 뜰 때 사용하는 40cm 길이의 대바늘입니다. 원형뜨기를 수월하게 할 수 있습니다.

03_ 장갑용 대바늘(양면바늘) 양끝이 뾰족한 바늘입니다. 양쪽으로 뜰 수 있으며 원형으로 뜰 때 사용합니다. 다양한 길이를 구비해두면 편리합니다.

04_ 코바늘 끝이 갈고리 모양으로 된 바늘로 길이, 소재, 굵기가 다양합니다. 사용하는 실이 굵어질수록 바늘 굵기도 커집니다. 모사용 바늘과 레이스용 바늘로 나뉩니다. 이 책의 작업들은 모사용 바늘만 사용했습니다.

05_ 돗바늘 편물을 꿰맬 때나 마무리할 때 사용합니다. 바느질에 쓰이는 일반 바늘보다 굵고 바늘귀도 세로로 큽니다. 털실 굵기에 따라 바늘 굵기를 선택하면 됩니다.

06_ 바늘 마개 대바늘 끝에 끼워서 코가 빠지지 않도록 할 때 사용합니다. 이동할 때나 뜨다 만 작업물을 보관할 때 편리합니다.

07_ 단수 카운터 단수를 기록하며 뜰 수 있는 도구입니다. 꼭 필요하지는 않지만 카운터를 사용하면 몇 단을 떴는지 계속 체크하면서 뜨지 않아도 되어 편합니다.

08_ 게이지 자 가로와 세로를 10cm 크기로 편물 위에 올려 콧수와 단수를 셀 수 있는 도구입니다.

09_ 어깨핀 안전핀이라고도 불립니다. 다른 부분을 뜰 때 코가 풀리는 것을 방지하기 위한 핀으로, 쉼코를 보관할 때 편리합니다.

10_ 단코 표시링 단이나 코를 표시할 때 사용합니다. 닫을 수 있는 옷핀 형태와 링 형태가 있습니다.

11_ 가위 실을 자를 때 사용합니다. 휴대가 편한 작고 잘 드는 가위를 고르는 것이 좋습니다.

12_ 핀 솔기를 붙일 때 고정하기 위해 필요합니다. 끝이 뾰족한 핀, 뭉툭한 핀 등으로 다양하게 구비해두면 유용합니다.

13_ 줄자 치수를 재기 위해 필요한 도구입니다.

14_ 단추 여러 크기, 소재, 모양의 단추를 구비해두면 한층 더 개성 있는 결과물을 만들 수 있습니다.

이 책에 사용한 실

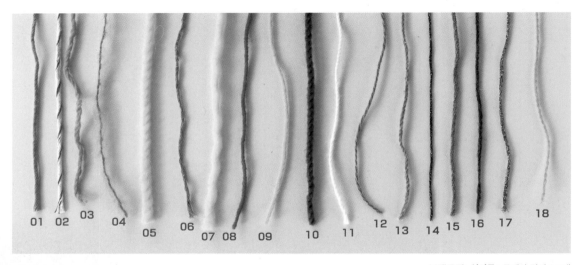

브랜드명 **실이름** : 무게와 길이 / 소재

○ wool and the gang

01_ shiny happy cotton : 100g 142m / cotton 100%

02_ billie jean yarn : 100g 135m / upcycled denim 20%, upcycled cotton 80%

03_ sugar baby alpaca : 50g 116m / baby alpaca 100%

04_ take care mohair : 50g 100m / kid mohair 78%, wool 13%, polyamide 9%

05_ alpachino merino : 100g 100m / merino wool 60% baby alpaca 40%

06_ buddy hemp yarn : 100g 174m / hemp 55%, organic cotton 45%

◦ loopy mango

07_ dream : 50g 100m / merino wool 100%

◦ linea

08_ daily wool : 30g 115m wool 100%

◦ yokota

09_ iroiro : 20g 70m wool 100%

◦ hamanaka

10_ bonny : 50g 60m / acrylic 100%

11_ sonomono : 25g 90m / suri alpaca 100%

12_ flax k : 25g 62m / linen 78%, cotton 22%

◦ bc garn

13_ bio balance : 50g 225m / pure organic wool 55%, pure organic cotton 45%

◦ richmore

14_ suspense : 25g 105m / rayon 66%, polyester 34%

◦ kpc

15_ glencoul dk : 50g 116m / merino wool 70%, cotton 30%

◦ lang

16_ novena : 25g 110m / wool 50%, alpaca 30%, polyamid 20%

◦ rico

17_ ricorumi dk : 10g 50m / polyester 62%, nylon 38%

◦ 자수실

18_ Appleton : 25m / wool 100%

대바늘의 기초 기법

시작코 만들기

1 뜨는 폭의 약 3배 정도 길이를 남기고 반을 접어서 두 줄을 같이 잡아 고리를 만듭니다.

2 매듭을 만들어 바늘에 끼우면 첫 코가 만들어집니다.

3 끊어진 실을 왼손 엄지손가락, 실타래와 연결된 실을 검지손가락에 걸고 나머지 손가락으로 실을 감싸줍니다.

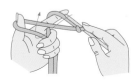

4 손바닥이 하늘을 보도록 뒤집고 왼손 엄지손가락에 걸린 실의 아래에서 위로 바늘을 걸쳐 줍니다.

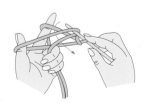

5 이어서 바늘을 검지손가락에 걸린 실의 위에서 아래로 걸친 후 엄지손가락에 걸린 실 아래로 빼냅니다.

6 엄지손가락에 걸린 실을 빼냅니다.

7 이어서 화살표 방향으로 엄지손가락을 넣고 코가 바늘에서 편하게 움직일 정도로 느슨하게 조이면 다음 코가 만들어집니다.

8 필요한 콧수만큼 3~7번을 반복합니다.

9 시작코가 만들어진 모습입니다.

겉뜨기

 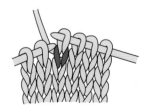

1 실이 바늘 뒤에 오도록 둡니다. 오른쪽 바늘을 코 앞부분의 왼쪽에서 오른쪽으로 넣고 실을 밖에서 안으로 걸어줍니다.

2 오른쪽 바늘에 걸린 실을 끌어내어 겉코를 만들어줍니다.

안뜨기

1 실을 바늘 앞에 오도록 둡니다. 오른쪽 바늘을 코 앞부분의 오른쪽에서 왼쪽으로 넣고 실을 밖에서 안으로 걸어줍니다.

2 오른쪽 바늘에 걸린 실을 끌어내어 안코를 만들어줍니다.

오른코 만들기

 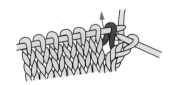 

1 왼쪽 바늘을 코와 코 사이의 실에 화살표 방향대로 넣어 끌어 올립니다.

2 오른쪽 바늘을 실 앞부분의 왼쪽에서 오른쪽으로 넣어 겉뜨기를 합니다.

3 오른코 만들기로 생겨난 코. 오른코 만들기를 하면 코가 오른쪽으로 기울게 됩니다.

왼코 만들기

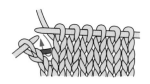  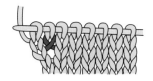

1 왼쪽 바늘을 코와 코 사이의 실에 화살표 방향대로 넣어 끌어 올립니다.

2 오른쪽 바늘을 실 뒷부분의 오른쪽에서 왼쪽으로 넣어 겉뜨기를 합니다.

3 왼코 만들기로 생겨난 코. 왼코 만들기를 하면 코가 왼쪽으로 기울게 됩니다.

오른코 줄이기

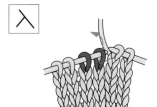

1 오른쪽 바늘을 코에 겉뜨기 방향으로 넣고 뜨지 않은 채 오른쪽 바늘로 그대로 옮깁니다.

2 두 번째 코는 겉뜨기를 합니다.

3 왼쪽 바늘을 뜨지 않고 옮긴 코에 넣고 겉뜨기한 코에 덮어 씌운 뒤 왼쪽 바늘을 코에서 빼냅니다.

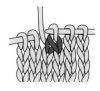

4 오른코 줄이기를 하면 2코 중 오른쪽에 위치한 코가 위로 올라오는 모양이 됩니다.

왼코 줄이기

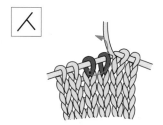

1 오른쪽 바늘을 겉뜨기 방향으로 줄이기를 할 2코에 같이 넣어줍니다.

2 실을 오른쪽 바늘의 뒤에서 앞으로 걸어서 빼내어 겉코를 만듭니다.

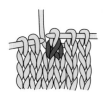

3 왼코 줄이기를 하면 2코 중 왼쪽에 위치한 코가 위로 올라오는 모양이 됩니다.

바늘 비우기

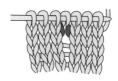

1 실을 안뜨기하듯이 바늘 앞으로 빼내고 오른쪽 바늘 위에 안에서 밖으로 걸칩니다.

2 다음 코를 뜹니다.

3 바늘 비우기를 하면 구멍이 나면서 코가 하나 늘어나게 됩니다.

코막기

1 처음 두 코를 겉뜨기합니다.

2 왼쪽 바늘을 첫 코에 넣고 두 번째 코에 덮어 씌운 뒤, 코에서 빼냅니다.

3 다음 코를 겉뜨기하고 오른쪽 바늘에 다시 두 코가 생기면 2번을 반복합니다. 이 과정을 반복합니다.

4 마지막에 코가 하나 남으면 실 끝을 마지막 코 안으로 통과시켜 잡아당깁니다.

실 바꾸기와 실 정리하기

1 뜨고 있는 실 끝이 10cm 정도 남았을 때 편물의 뒤로 빼놓고 새 실을 자연스럽게 이어서 뜹니다. 새 실 역시 꼬리실을 10cm 남깁니다.

2 올풀림 방지를 위해 살짝 묶어 둔 채로 뜹니다.

3 편물이 완성되면 매듭을 푼다. 오른쪽에 있는 꼬리실을 편물이 매끄럽게 이어지도록 왼쪽으로 코 진행 방향을 따라 4~5코에 걸쳐 왔다 갔다 해줍니다.

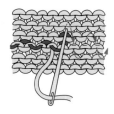

4 왼쪽에 있는 꼬리실은 오른쪽으로 코 진행 방향을 따라 4~5코에 걸쳐 왔다 갔다 해줍니다.

메리야스 자수 놓기

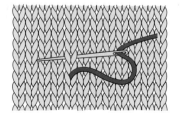

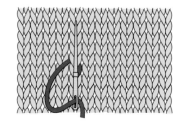

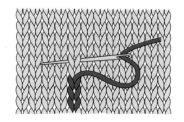

1 바늘을 자수를 놓으려는 코의 중심에서 빼내어 1단 위의 코(V 자 모양)를 꿰고 실을 당깁니다.

2 바늘을 빼낸 위치에 다시 바늘을 넣고 실을 당깁니다.

3 1~2번 과정을 반복하여 원하는 부분에 자수를 놓습니다.

코줍기

1 코줍기 할 부분을 체크한 후 주울 위치에 바늘을 넣습니다.

2 실을 바늘의 밖에서 안으로 걸어줍니다.

3 실을 끌어내리듯이 바늘을 빼냅니다.

4 1~3번 과정을 반복해서 필요한 수만큼 코를 줍습니다. 주어진 범위 안에서 중간에 구멍이 나지 않도록 균형 있게 코를 줍는 것이 중요합니다.

코 오므리기

1 바늘에 걸린 코 모양 그대로 유지하며 모든 코에 실을 시계 반대방향으로 통과시킵니다.

2 실을 잡아당겨서 구멍을 오므립니다.

3 똑같이 한 바퀴를 더 꿰어줍니다.

4 잡아당겨서 조인 후 남은 실을 안감 면에서 마무리합니다.

원형뜨기

1 시작코를 원하는 만큼 만들고, 바늘 세 개에 비슷한 개수로 나눕니다.

2 코가 꼬이거나 돌아가지 않았는지 확인하고, 네 번째 바늘을 첫 코에 넣고 마지막 코에 걸린 실로 겉뜨기를 합니다.

3 첫 코와 마지막 코를 연결한 후 바늘에 걸린 나머지 코를 순서대로 겉뜨기를 합니다.

4 연결 부분에서 바늘을 바꿔가며 원형으로 뜹니다. 첫 코에 단코 표시링을 걸어서 시작점을 표시합니다.

5 돌려가며 원형뜨기로 뜬 모습입니다. 원형뜨기는 항상 겉감면을 보면서 뜹니다.

아이코드 뜨기

1 필요한 만큼 시작코를 만듭니다.

2 마지막에 만든 코에 달린 실을 첫 코로 끌어와서 순서대로 겉 뜨기를 합니다.

TIP 첫 코를 뜰 때 실을 당겨서 뜹니다.

3 코들을 바늘 오른쪽으로 밀어서 옮깁니다.

4 다시 반대쪽 실을 끌어와서 모든 코를 순서대로 겉뜨기 합니다.

5 코가 원형으로 연결된 상태로 떠집니다. 원하는 길이만큼 겉 뜨기로 뜹니다.

6 반대쪽에서 본 모습입니다.

단과 단을 잇는 메리야스 꿰매기

1 코와 코 사이의 안쪽 실을 끌어 올려 꿰매는 것이 중요합니다. 오른쪽 편물 단의 끝에서 1코 안쪽에 가로로 걸쳐 있는 실을 돗바늘로 끌어올려서 잡아당깁니다.

2 왼쪽 편물 단의 끝에서 1코 안쪽에 가로로 걸쳐 있는 실을 돗바늘로 끌어올려서 잡아당깁니다.

3 같은 단에 있는 실끼리 왼쪽, 오른쪽을 교차해서 끌어올립니다.

코와 코를 잇는 꿰매기

1 앞판의 첫 코, 뒷판의 첫 코 순서로 실을 꿰매고 적당히 잡아 당기는 것이 중요합니다.

2 뒷판의 코는 V(브이) 모양으로 실을 꿰고 당깁니다.

3 앞판의 코는 ㅅ(시옷) 모양으로 실을 꿰고 당깁니다.

4 앞판과 뒷판을 교차로 반복해서 돗바늘을 넣고 실을 빼냅니다.

코와 코를 잇는 꿰매기(겉감 면과 안감 면)

1 겉감 면과 안감 면 모두 코와 코 사이의 안쪽 실을 끌어올려 꿰 매는 것이 중요합니다. 우선 안 감 면 편물 단의 끝에서 1코 안 쪽에 가로로 걸쳐 있는 실을 돗 바늘로 끌어올려 잡아당깁니다.

2 겉감 면 편물 단의 끝에서 1코 안쪽에 가로로 걸쳐 있는 실을 돗바늘로 끌어올려 잡아당깁니다.

3 같은 단에 있는 실끼리 안감 면, 겉감 면을 교차해서 끌어올 립니다.

4 면과 면이 잘 붙도록 잡아당기 면서 이어나갑니다.

Basic 04

〰〰〰〰〰〰〰〰

코바늘의 기초 기법

사슬뜨기

- 왼손의 엄지와 중지로 실을 잡고 코바늘에 실을 둥글게 휘감습니다.
- 코바늘에 실을 감아 둥근 코 사이로 뺍니다. 계속 반복합니다.
- 이때 시작코는 한 코로 세지 않습니다.

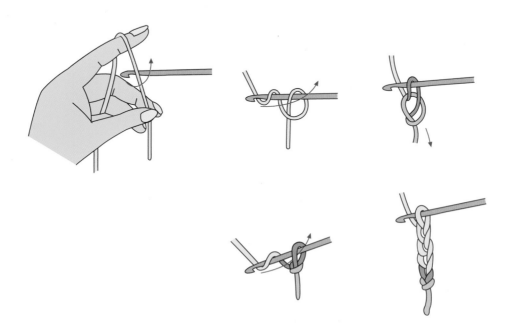

빼뜨기

● ・바늘을 화살표 방향대로 아래 코에 넣은 후 실을 감아 한 번에 빼냅니다.

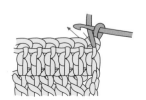
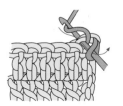

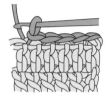

짧은뜨기

✕
- 사슬 1코 기둥을 세우고 다음 코부터 시작합니다.
- 바늘에 실을 감아 화살표 방향대로 빼낸 후 한 번 더 실을 감아 두 개의 고리를 한 번에 빼냅니다.

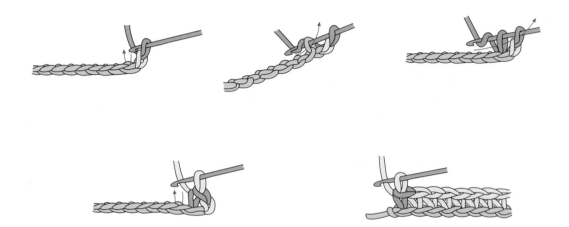

Basic 05

도안 보는 법

이 책에 사용한 대바늘 기호

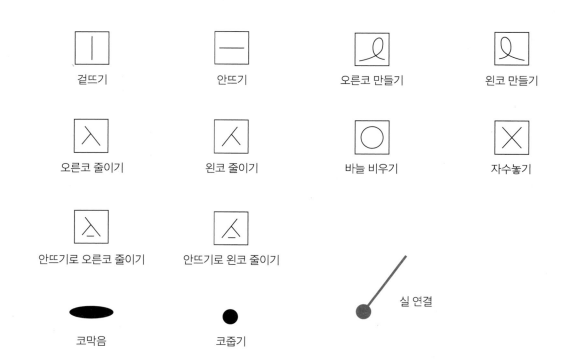

| 겉뜨기 | 안뜨기 | 오른코 만들기 | 왼코 만들기 |

| 오른코 줄이기 | 왼코 줄이기 | 바늘 비우기 | 자수놓기 |

| 안뜨기로 오른코 줄이기 | 안뜨기로 왼코 줄이기 | | 실 연결 |

| 코막음 | 코줍기 |

이 책에 사용한 코바늘 기호

사슬뜨기	짧은뜨기	빼뜨기

1 평뜨기와 원형뜨기의 구분

이 책에서 '원형뜨기'라고 표시된 부분만 원형뜨기로 뜨고 나머지는 모두 평뜨기입니다.

기호로 그리는 그림 도안은 편물을 겉감 면에서 봤을 때 코의 상태를 기준으로 그립니다.

평뜨기는 매 단을 뜰 때마다 편물을 뒤집기 때문에 주로 홀수 단(겉감 면을 보고 뜨는 단)에서는 도안에 표시된 대로 뜨지만, 짝수 단(안감 면을 보고 뜨는 단)에서는 도안에 그려져 있는 기호를 안쪽에서 본 상태로 뜹니다.

〈예시〉 평뜨기 메리야스뜨기 도안은 모두 겉뜨기로 표기하지만 실제로 뜰 때는 겉뜨기와 안뜨기를 1단씩 교차해서 뜹니다. 원형뜨기에서는 한 방향으로 뜨기 때문에 도안에 그려져 있는 기호대로 뜹니다.

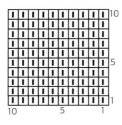

메리야스뜨기

평뜨기로 뜰 때: 홀수 단에서 겉뜨기, 짝수 단에서 안뜨기로 뜹니다.

원형뜨기로 뜰 때: 모든 단을 겉뜨기로 뜹니다.

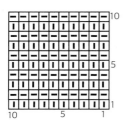

가터뜨기

평뜨기로 뜰 때: 모든 단을 겉뜨기로 뜹니다.

원형뜨기로 뜰 때: 홀수 단에서 겉뜨기, 짝수 단에서 안뜨기로 뜹니다.

2 이 책의 모든 도안에서 **빈 네모는 겉뜨기 기호가 생략된 모습**입니다.

$$\square = \boxed{1}$$

3 네모 1칸은 1코를 의미합니다. 가로의 숫자는 콧수, 세로의 숫자는 단수입니다.

1단부터 순서대로 뜹니다. 단수 옆의 괄호 안에 있는 숫자는 그 단에 해당하는 콧수입니다.

4 굵은 실선으로 끝나는 부분은 코 오므리기로 마무리하라는 표시입니다.

남은 코들을 돗바늘을 사용하여 꼬리실에 통과시키고 잡아당겨서 오므려 마무리합니다.

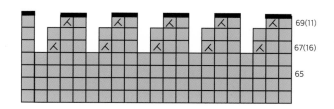

5 굵은 점선으로 표시된 부분은 쉼코로 처리하라는 표시입니다. 나중을 위해 어깨핀이나 자투리 실에 걸어두면 됩니다. 실을 새로 연결해서 뜨는 부분을 해당 코에 표시해두었습니다.

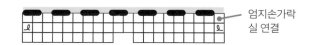

엄지손가락
실 연결

6 네모 칸 안에 **X로 표시되어 있는 부분**은 배색 뜨기가 아니라 **자수를 놓으라는 의미**입니다.

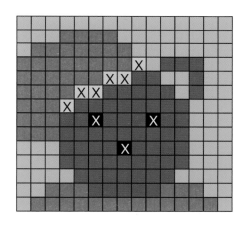

7 사람마다 실을 당기는 힘이 다르기 때문에 같은 실과 바늘을 사용하더라도 사이즈는 각각 다르게 나올 수 있습니다. 책에 표기된 게이지를 참고하여 자신의 사이즈대로 자유롭게 만들어보기 바랍니다.

PART 1

실전 레슨

PocoGrande's Knitting

곰돌이 수세미를 만들며
기초 연습하기
(p74 곰 수세미 참고)

간단한 모티브를 만들며 배색뜨기를 연습해봅시다.
도안을 참고해서 천천히 따라 해보세요. 전혀 어렵지 않아요.

실 표기　바탕실=**A** , 바탕실 타래 안쪽에서 뽑아 낸 실=**A2**, 갈색 실=**B**, 주황색 실=**C**

뜨는 방법

01 대바늘에 바탕(A로 표기)실로 시작코 14코를 만듭니다.

02 평뜨기로 메리야스뜨기를 2단(1단-겉뜨기, 2단-안뜨기)을 뜹니다.

03 3단에서 겉뜨기 4코를 하고 멈춥니다.

TIP 배색뜨기 할 때는 컬러 바꾸기 1코 전까지 뜨고 무조건 멈추세요.

04 다음 코를 뜨기 전에 배색을 넣을 갈색 실(B로 표기)을 A실 위에 걸칩니다.

05 B실이 A실에 끼워진 채로 겉뜨기 1코를 합니다.

06 배색실(B)이 바탕실(A)에 끼워진 모습

TIP 실 컬러를 바꿀 때마다 전 코에서 바뀌는 실을 미리 준비시킨다고 생각하면 쉽습니다.

07 A실은 내려놓고 B실로 컬러를 바꿔서 겉뜨기 3코를 하고 멈춥니다.

08 바탕실의 타래 안쪽에서 실 끝부분을 잡아 빼냅니다(A2로 표기).

09 다음 코를 뜨기 전에 A2실을 B실 위에 걸칩니다.

10 A2실이 B실에 끼워진 채로 겉뜨기 1코를 합니다.

11 B실은 내려놓고 A2실로 컬러를 바꿔서 끝까지 겉뜨기 합니다.

12 3단을 다 떴을 때 모습

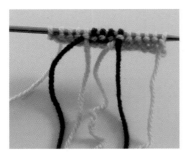

13 안감 면에서 본 모습

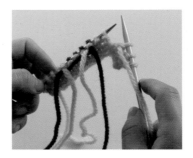

14 4단에서 안뜨기 3코를 하고 멈춥니다.

15 다음 코를 뜨기 전에 B실을 A2실 위에 걸칩니다.

16 B실이 A2실에 끼워진 채로 안뜨기 1코를 합니다.

17 바탕실(A2)에 배색실(B)이 끼워진 모습

18 A2실은 내려놓고 B실로 컬러를 바꿔서 이어서 뜹니다.

19 B실로 안뜨기 5코를 하고 다음 코를 뜨기 전에 A실을 B실 위에 얹습니다.

20 A실이 B실에 끼워진 채로 안뜨기 1코를 합니다.

21 바탕실(A)이 배색실(B)에 끼워진 모습

22 4단을 다 떴을 때 모습

23 5단에서 겉뜨기 2코를 하고 멈춥니다.

24 다음 코를 뜨기 전에 B실을 A실 위에 걸치고, 겉뜨기 1코를 합니다.

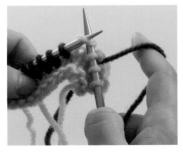

25 A실은 내려놓고 B실로 컬러를 바꿔서 겉뜨기 2코를 합니다.

26 다음 코를 뜨기 전에 두 번째 배색실인 주황색(C로 표기)을 B실 위에 걸치고 겉뜨기 1코를 합니다.

27 B실은 내려놓고 C실로 컬러를 바꿔서 겉뜨기 2코를 합니다.

28 두 가지 컬러가 배색된 모습

29 이어서 갈색 실(B)로 겉뜨기 2코를 한 후, A2실을 B실 위에 걸치고 겉뜨기 1코를 합니다.

30 B실은 내려놓고 A2실로 컬러를 바꿔서 끝까지 겉뜨기 합니다.

31 5단을 다 떴을 때 모습

32 다음 단도 같은 방법으로 뜹니다.

33 컬러가 바뀔 때마다 실을 걸치면서 배색뜨기를 진행합니다.

34 두 번째 배색실(C)도 같은 방법으로 진행합니다.

35 10단까지 다 뜨면 C실은 더 이상 필요가 없으므로 가위로 자릅니다.

36 11단도 같은 방법으로 배색 뜨기를 합니다.

37 **TIP** 12단은 갈색 부분이 둘로 나뉘어지는 구간이 있기 때문에 귀와 귀 사이의 바탕 부분을 뜰 때 B실을 A2실에 걸쳐서 감아뜹니다.

배색뜨기 하면서 A2실로 안뜨기 3코, B실로 안뜨기 2코, A2실로 안뜨기 2코를 하고 B실을 A2실 위에 걸치고 안뜨기 1코를 합니다.

38 B실을 A2실 위에 다시 걸치고 안뜨기 1코를 합니다.

39 B실이 편물에 감겨 있는 모습

TIP 놀고 있는 배색실을 편물에 걸치지 않고 그냥 뜰 경우 안감 면이 지저분해집니다. 그래서 배색이 4코 이상 들어가지 않을 경우에는 편물에 배색실을 걸쳐서 안감 면을 깔끔하게 만들어주세요.

40 이어서 12단을 마저 뜹니다.

41 12단까지 다 뜨면 A와 B실은 더 이상 필요가 없으므로 가위로 자릅니다.

42 나머지 13단과 14단을 뜹니다.

43 전체 코막음합니다.

44 남은 실을 돗바늘로 정리합니다.

45 모든 실을 정리한 모습

46 겉감 면 모습

47 코바늘로 실을 새로 연결해서 테두리 작업을 합니다.

48 기둥코로 사슬뜨기 1코를 합니다.

49 매 코, 매 단마다 짧은뜨기 1 코를 합니다.

50 고리를 위해 사슬뜨기 10코 를 합니다.

51 첫 코에 빼뜨기를 해서 마무 리합니다.

52 남은 실을 돗바늘로 정리합 니다.

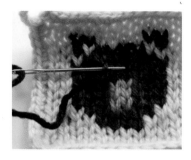

53 자수로 눈과 코를 표현합니 다.

54 완성한 모습

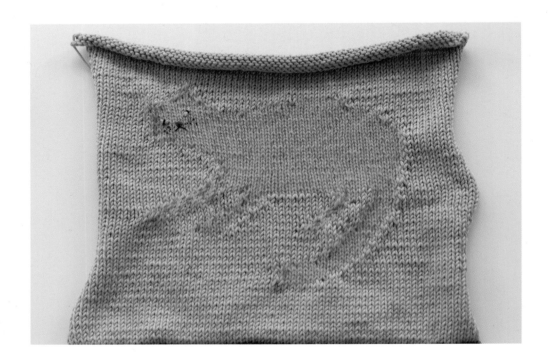

고양이 쿠션을 만들며
배색 무늬 뜨기 연습하기
(p188 고양이 쿠션 참고)

고양이 쿠션을 만들어보며 조금 더 유동적인 배색 무늬 뜨기 작업을 배워봅니다. 완성 후 자유로운 배색 무늬를 디자인해 보세요. 과정 사진은 편물이 잘 보이게 하기 위해 샘플과 다른 밝은 컬러를 사용하였습니다. 부분마다 구분이 쉽도록 다른 컬러의 실을 사용하였습니다.

실 표기 바탕실=A , 바탕실 타래 안쪽에서 뽑아낸 실=A2, 여분으로 미리 감아둔 실=A3
고양이 배색실=B , 배색실 타래 안쪽에서 뽑아낸 실=B2, 여분으로 미리 감아둔 실=B3

뜨는 방법

01 시작하기 전에 바탕실을
10m, 고양이 배색실을 5m
정도 감아서 미리 빼둡니다.

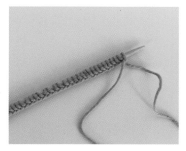

02 대바늘에 바탕실(A로 표기)
로 시작코 70코를 만듭니다.

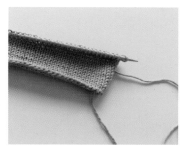

03 평뜨기로 메리야스뜨기 14
단(홀수 단-겉뜨기, 짝수 단-안
뜨기)을 뜹니다.

04 15단에서 겉뜨기 27코를 하
고 멈춥니다.

TIP 배색뜨기 할 때는 컬러 바꾸기 1
코 전까지 뜨고 무조건 멈추세요.

05 B실이 A실에 끼워진 채로
겉뜨기 1코를 합니다.

06 배색실(B)이 바탕실(A)에 끼
워진 모습

TIP 실 컬러를 바꿀 때마다 전 코에
서 바뀌는 실을 이런 방법으로
미리 준비시킵니다.

07 A실은 내려놓고 B실로 컬러를 바꿔서 뜹니다.

08 겉뜨기 5코(=컬러 바꾸기 1코 전)를 뜨고 멈춥니다.

09 바탕실의 타래 안쪽에서 실 끝부분을 잡아 빼냅니다. (A2로 표기)

10 A2실을 B실 위에 걸치고 겉뜨기 1코를 합니다.

11 바탕실(A2)이 배색실(B)에 끼워진 모습

12 B실은 내려놓고 A2실로 컬러를 바꿔서 끝까지 겉뜨기 합니다.

13 16단에서 안뜨기 34코(=컬러 바꾸기 1코 전)를 뜨고 멈춥니다.

14 다음 코를 뜨기 전에 B실을 A2실 위에 걸칩니다.

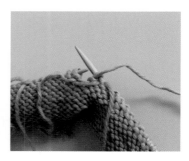

15 B실이 A2실에 끼워진 채로 안뜨기 1코를 합니다.

16 A2실은 내려놓고 B실로 컬러를 바꿔서 뜹니다.

17 안뜨기 8코(=컬러 바꾸기 1코전)를 뜨고 멈춥니다.

18 다음 코를 뜨기 전에 A실을 B실 위에 걸치고 안뜨기 1코를 합니다.

19 바탕실(A)이 배색실(B)에 끼워진 모습

20 B실은 내려놓고 A실로 컬러를 바꿔서 끝까지 안뜨기 합니다.

21 16단을 다 뜬 모습

22 자투리 실들은 헷갈리지 않도록 바로 정리합니다.

23 17단에서 컬러 바꾸기 1코 전까지 겉뜨기하고, B실을 A실 위에 걸친 다음 겉뜨기 1코를 합니다.

24 배색실(B)이 바탕실(A)에 끼워진 모습

25 A실은 내려놓고 B실로 컬러를 바꿔서 뜹니다.

26 다시 컬러 바꾸기 1코 전까지 겉뜨기하고, B실을 A2실 위에 걸친 다음 겉뜨기 1코를 합니다.

27 B실이 A2실에 끼워진 채로 겉뜨기 1코 합니다.

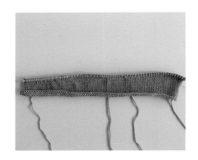

28 B실은 내려놓고 A2실로 컬러를 바꿔서 끝까지 겉뜨기 합니다. 17단까지 다 뜬 모습입니다.

29 안감 면에서 본 모습

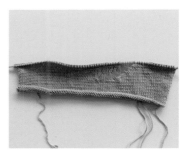

30 같은 방법으로 27단까지 배색 뜨기를 이어갑니다.

31 28단에서 고양이 앞발 표현을 위해 새로운 배색이 추가됩니다. 따라서 안뜨기 19코(=배색이 시작되기 1코 전)를 뜨고 멈춥니다.

32 고양이 배색실의 타래 안쪽에서 실 끝부분을 잡아 빼내고(B2로 표기) A2실 위에 걸친 다음 안뜨기 1코를 합니다.

33 A2실은 내려놓고 B2실로 컬러를 바꿔서 뜹니다.

34 시작할 때 미리 감아서 빼두었던 바탕실 10m(A3로 표기)를 B2실 위에 걸칩니다.

35 A3실이 B2실에 끼워진 채로 안뜨기 1코를 합니다.

36 B2실은 내려놓고 A3실로 컬러를 바꿔서 뜨고 또 컬러가 바뀌는 뒷발 부분에서 멈춥니다.

37 B실을 끌어와서 A3실 위에 걸친 다음 겉뜨기 1코를 합니다. A3실을 내려놓고 B실로 컬러를 바꿔서 뒷발 부분을 뜹니다.

38 중간 부분에서 길게 늘어진 배색실은 오른쪽 바늘로 끌어올린 후 함께 안뜨기해서 정리하며 떠주세요.

TIP 뜨다가 많이 늘어져 보이는 실은 중간에 이런 방법으로 정리하며 뜹니다.

39 늘어진 실이 정리된 모습. 그리고 다시 바탕 컬러로 바꾸기 위해 A3실을 B실 위에 걸칩니다.

40 A3실이 B실에 끼워진 채로 안뜨기 1코를 합니다.

41 B실은 내려놓고 A3실로 컬러를 바꿔서 뜹니다. 그리고 쉬고 있는 B실이 지저분하게 늘어지는 것을 방지하기 위해 B실을 A3실 위에 걸치고 안뜨기 1코를 합니다.

42 B실을 A3실 위에 다시 걸치고 안뜨기 1코를 합니다.

TIP 배색실이 뒤에서 놀고 있는 경우에는 편물을 뜨는 중간에 배색실을 걸쳐서 안감 면을 깔끔하게 만들어주세요.

43 나머지 꼬리 부분도 마저 뜹니다.

44 28단을 다 뜬 모습

45 29단도 같은 방법으로 배색 뜨기 하면서 뜹니다.

46 자투리 실들은 헷갈리지 않도록 바로 정리합니다.

47 29단까지 뜬 모습. 이어서 도안대로 뜹니다.

48 31단에서는 앞발 배색을 위해 53번째 코를 뜰 때 미리 감아서 빼두었던 배색실 5m(B3로 표기)를 A2실 위에 미리 걸칩니다.

49 B3실이 A2실에 끼워진 채
로 겉뜨기 1코를 합니다.

50 배색뜨기를 이어갑니다.

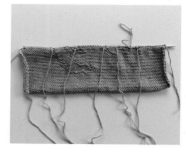

51 자투리 실은 헷갈리지 않도
록 바로 정리합니다.

52 32단에서부터 앞발 부분을
배색뜨기 할 때 바탕실이 늘
어지지 않도록 걸쳐가며 뜹
니다.

53 37단까지 뜬 모습

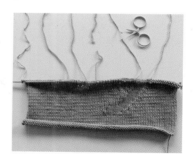

54 37단까지 다 뜨면 A3와 B2
실은 당분간 필요가 없으므
로 가위로 자릅니다.

TIP 61단부터 다시 필요합니다.

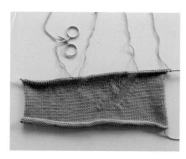

55 38단까지 다 뜨면 B3실은 이제 필요가 없으므로 가위로 자릅니다.

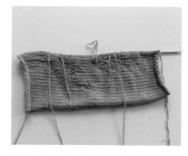

56 자투리 실들은 헷갈리지 않도록 바로 정리합니다.

57 38단까지 뜬 모습

58 같은 방법으로 배색뜨기를 60단까지 이어갑니다.

59 안감 면에서 본 모습

60 61단에서 얼굴과 등을 분리하기 위해 41번째 코를 뜰 때 A3실을 B실 위에 걸쳐서 겉뜨기 1코를 하고, A3실로 컬러를 바꿔서 겉뜨기 2코를 합니다.

61 얼굴 배색을 위해 B2실을 A3실에 걸쳐서 컬러를 바꾸고 배색뜨기를 이어갑니다.

62 61단을 다 뜬 모습

63 자투리 실들은 헷갈리지 않도록 바로 정리합니다.

64 안감면에서 본 모습. 배색뜨기를 이어갑니다.

65 귀와 귀 사이 부분을 바탕실로 뜰 때 배색실이 늘어지지 않도록 걸쳐가며 뜹니다.

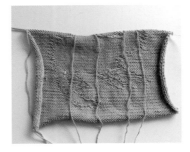

66 64단까지 다 뜬 모습

67 64단까지 다 뜨면 B실과 A3실은 이제 필요가 없으므로 가위로 자릅니다.

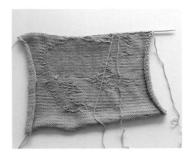

68 자투리 실을 정리하고 배색뜨기를 이어갑니다.

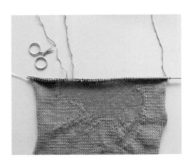

69 66단까지 다 뜨면 A2실은 이제 필요가 없으므로 가위로 자르고 정리합니다.

70 68단까지 다 뜨면 B2실도 가위로 자르고 정리합니다.

71 68단까지 뜬 모습

72 82단까지 메리야스뜨기를 합니다.

73 전체 코막음합니다.

74 이제 얼굴 표현을 할 차례입니다. 눈의 위치를 핀으로 표시합니다(p193 도안 참고).

75 뾰족한 돗바늘과 울 자수실로 눈을 수놓습니다.

76 반대쪽 눈도 이어서 수놓습니다.

77 코는 다른 컬러의 자수실로 역삼각형 모양으로 수놓습니다.

78 검은색 자수실로 눈동자를 수놓습니다.

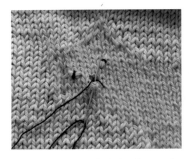

79 눈동자에 이어서 입을 수놓습니다.

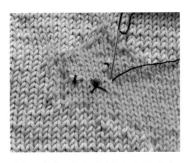

80 입에 이어서 주근깨를 수놓습니다.

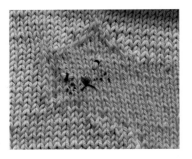

81 남은 자수실을 정리합니다. 얼굴이 완성된 모습

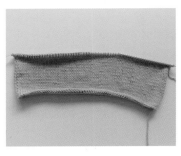

82 뒷판 윗부분을 위해 바탕실로 시작코 70코를 잡고 30단 메리야스뜨기를 합니다.

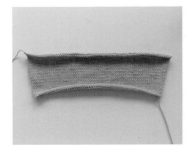

83 전체 코막음합니다.

84 방금 코막음한 위치에 테두리를 위해 코바늘로 실을 새로 연결해서 도안대로 뜹니다.

85 단춧구멍을 위해 중간에 사슬뜨기 3코를 합니다.

86 테두리 작업을 이어갑니다.

87 빼뜨기로 마무리한 후 실을 가위로 자릅니다.

88 남은 실을 돗바늘로 정리합니다.

89 뒷판 아래 부분을 위해 바탕실로 시작코 70코 잡고 60단 메리야스뜨기를 합니다.

90 전체 코막음합니다.

91 앞판과 뒷판 아래 부분을 겉 감 면이 보이게 나란히 놓고, 앞판의 시작코 부분과 뒷판 아래 부분의 시작코 부분이 맞닿게 해서 돗바늘로 '코와 코를 잇는 메리야스 꿰매기'를 합니다.

92 앞판의 코는 V(브이) 모양으로 꿰맵니다.

93 뒷판의 코는 ㅅ(시옷) 모양으로 꿰맵니다.

94 적당히 실을 잡아당기면서 꿰매어주세요.

95 코와 코를 잇는 꿰매기를 완성한 모습

96 앞판과 뒷판 아래 부분을 안 감면이 서로 마주 보도록 접고 옆면을 따라 '단과 단을 잇는 메리야스 꿰매기'를 합니다. 핀으로 두 면을 고정하면 편합니다.

97 단과 단을 이을 때는 코와 코 사이의 안쪽 실을 끌어올려 꿰맵니다.

98 반대쪽도 마찬가지로 1단씩 교대로 코와 코 사이의 안쪽 실을 끌어올려 꿰맵니다.

99 적당히 실을 잡아당기면서 꿰매어주세요.

100 단과 단을 잇는 꿰매기를
완성한 모습

101 반대쪽도 같은 방법으로
꿰맵니다.

102 앞판과 뒷판 윗부분을 겉
감면이 보이게 나란히 놓
고, 앞판의 코막음한 부분
과 뒷판 윗부분의 시작코
부분이 맞닿게 해서 돗바
늘로 '코와 코를 잇는 메리
야스 꿰매기'를 합니다.

103 코와 코를 잇는 꿰매기를
완성한 모습

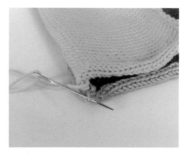

104 앞판과 뒷판 윗부분을 안
감면이 서로 마주 보도록
접고 옆면을 따라 '단과 단
을 잇는 메리야스 꿰매기'
를 합니다.

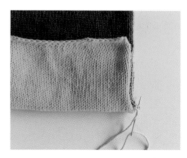

105 위에서 본 모습

106 적당히 실을 잡아당기면서 꿰매어주세요. 뒷판 윗부분이 이미 바느질되어 있는 부분은 위에 겹쳐서 꿰매어주세요. 앞판의 꿰매는 부분이 어디에 있는지 자세히 보면서 바느질합니다.

107 남은 실을 솔기 안에 정리합니다. 단과 단을 잇는 메리야스 꿰매기를 완성한 모습

108 반대쪽도 같은 방법으로 꿰매고 모든 실을 솔기 안에 정리합니다.

109 단춧구멍에 맞춰서 단추를 바느질합니다(코막음한 부분 기준으로부터 13단 아래 위치에 달면 적당합니다).

110 완성된 모습

PART 2

작품 만들기

PocoGrande's Knitting

핀쿠션 삼총사

배색뜨기의 기본을 익히며 잃어버리기 쉬운 핀과 돗바늘을
보관할 수 있는 예쁜 쿠션을 만들어보세요. 작업이 한층 즐
거워집니다. 자투리 실을 사용해서 다양한 컬러로 만들어보
세요.

패턴 no. 1

완성품 사이즈
지름 4cm, 높이 2.5cm

사용한 도구
3mm 대바늘, 돗바늘, 가위, 솜, 미
니 타르트 틀(지름 5cm) 혹은 까눌
레 틀(지름 4cm)

사용한 실
바탕_하늘색(yokota 'iroiro' #19),
주황색(yokota 'iroiro' #35)

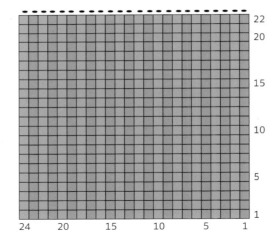

패턴 no. 2

완성품 사이즈
지름 4cm, 높이 2.5cm

사용한 도구
3mm 대바늘, 돗바늘, 가위, 솜, 미
니 타르트 틀(지름 5cm) 혹은 까눌
레 틀(지름 4cm)

사용한 실
바탕_흰색(yokota 'iroiro' #1),
빨간색(yokota 'iroiro' #37)

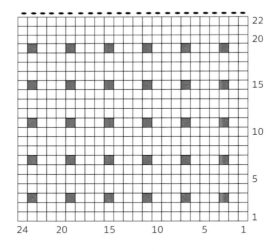

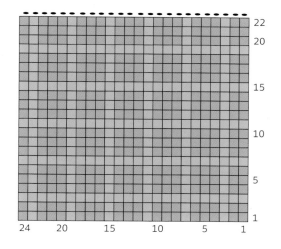

패턴 no. 3

완성품 사이즈
지름 4cm, 높이 2.5cm

사용한 도구
3mm 대바늘, 돗바늘, 가위, 솜, 미니 타르트 틀(지름 5cm) 혹은 까눌레 틀(지름 4cm)

사용한 실
바탕_연분홍색(yokota 'iroiro' #40), 노란색(linea 'daily wool' #4)

뜨는 방법

1. 바탕실로 시작코 24코를 만듭니다.

2. 평뜨기로 배색뜨기 하면서 22단을 도안대로 뜹니다.

3. 코막음을 하고 꼬리실을 20cm 정도 남깁니다.

4. 편물을 안감 면으로 놓고, 꼬리실로 가장자리를 따라 크게 박음질한 다음, 잡아당겨서 동
   그랗게 오므려줍니다.

5. 안에 솜을 채우고 동그란 모양이 퍼지지 않도록 실을 한바퀴 더 돌려서 고정시킵니다.

6. 남은 실을 동그라미 안쪽으로 넣어 정리한 후, 틀에 넣고 모양을 잡습니다.

7. 편물과 틀이 맞닿는 부분에 글루건으로 고정시킵니다.

나무와 곰과 제비꽃 수세미

귀찮은 설거지 시간을 유쾌하게 만들어줄 수세미입니다.
아주 잘 닦이는 것은 물론 주방의 무드를 귀엽게 만들어줄 인
테리어 소품으로도 제격이네요.

나무

완성품 사이즈

가로 10cm, 세로 9cm, 고리 지름
2.5cm

사용한 도구

5mm 대바늘, 6호 모사용 코바늘,
돗바늘, 가위

사용한 실

바탕_검은색(hamanaka 'bonny'
#402), 적갈색(hamanaka 'bonny'
#483), 초록색(hamanaka 'bonny'
#427)

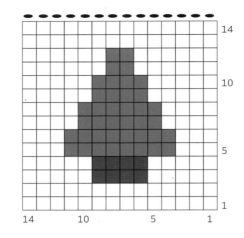

곰

완성품 사이즈

가로 10cm, 세로 9cm, 고리 지름
2.5cm

사용한 도구

5mm 대바늘, 6호 모사용 코바늘,
돗바늘, 가위

사용한 실

바탕_검은색(hamanaka 'bonny'
#402), 진갈색(hamanaka 'bonny'
#419), 연갈색(hamanaka 'bonny'
#418)

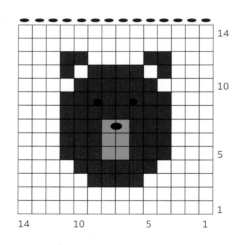

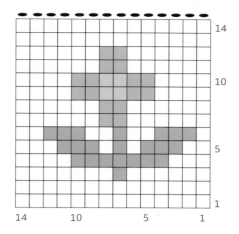

제비꽃

완성품 사이즈

가로 10cm, 세로 9cm, 고리 지름 2.5cm

사용한 도구

5mm 대바늘, 6호 모사용 코바늘, 돗바늘, 가위

사용한 실

바탕_검은색(hamanaka 'bonny' #402), 녹두색(hamanaka 'bonny' #493), 하늘색(hamanaka 'bonny' #471), 노란색(hamanaka 'bonny' #432)

뜨는 방법

1. 바탕실로 시작코 14코를 만듭니다.

2. 평뜨기로 배색뜨기 하면서 14단을 도안대로 뜹니다.

3. 코막음을 하고 코바늘로 테두리 작업을 합니다.

4. 매 코와 매 단에 짧은뜨기 1코를 떠 넣어 편물이 말리지 않도록 테두리를 만듭니다.

5. 사슬뜨기 10코를 해서 고리를 만들고, 첫 코에 빼뜨기를 하여 마무리합니다.

6. 남은 실을 정리합니다.

7. 곰 수세미는 도안의 위치를 참고하여 눈과 코를 자수로 표현하세요.

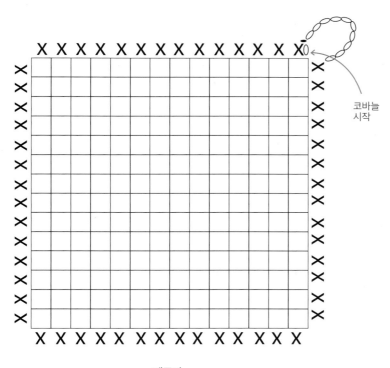

코바늘
시작

테두리

들꽃 브로치

작은 들꽃 무늬의 모티브를 만들며 여러 가지 컬러를 조합하
는 연습을 합니다. 밋밋한 가방이나 스웨터에 은은하게 화사
한 재미를 줄 수 있어요.

패턴 no.1

완성품 사이즈

가로 6cm, 세로 7cm

사용한 도구

3mm 대바늘, 돗바늘, 가위, 옷핀

사용한 실

바탕_베이지색(yokota 'iroiro' #2) 1/4타래, 연두색(yokota 'iroiro' #27),
하늘색(yokota 'iroiro' #22), 노란색(yokota 'iroiro' #31)

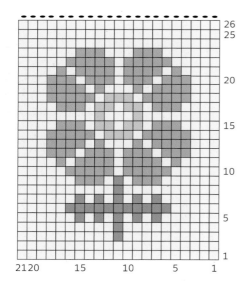

앞면

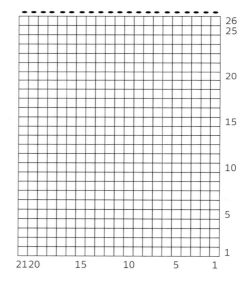

뒷면

패턴 no.2

완성품 사이즈

가로 6cm, 세로 7cm

사용한 도구

3mm 대바늘, 돗바늘, 가위, 옷핀

사용한 실

바탕_베이지색(yokota 'iroiro' #2) 1/4타래, 진베이지색(yokota 'iroiro' #5), 진갈색(yokota 'iroiro' #11), 주황색(yokota 'iroiro' #35)

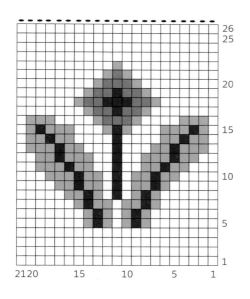

앞면

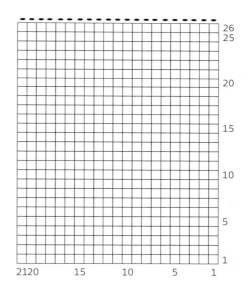

뒷면

뜨는 방법

1. 바탕실로 앞면 시작코 21코를 만듭니다.

2. 펑뜨기로 배색뜨기 하면서 26단을 도안대로 뜹니다.

3. 코막음을 하고 꼬리실을 30cm 정도 남깁니다.

4. 바탕실로 뒷면 시작코 21코를 만듭니다.

5. 펑뜨기로 메리야스뜨기 26단을 뜹니다.

6. 코막음을 하고 꼬리실을 정리합니다.

7. 두 장의 편물을 안감 면이 서로 마주 보도록 포개어놓고, 꼬리실로 가장자리를 따라서 메리야스 꿰매기를 합니다.

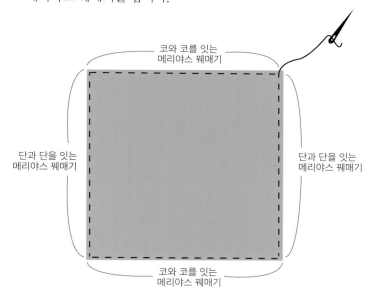

8. 남은 실로 원하는 위치에 옷핀을 달고, 모양을 잡아줍니다.

PocoGrande's Knitting

메시지 카드

손으로 꾹꾹 눌러 쓴 편지는 늘 감동을 줍니다. 손으로 한 코
한 코 정성을 들여 뜬 편지는 어떨까요? 특별한 메시지 카드
로 마음을 전해보아요.

thank you

완성품 사이즈
가로 10cm, 세로 16cm

사용한 도구
3mm 대바늘, 돗바늘, 가위, 쓰지 않는 종이 쇼핑백, 글루건, 액자

사용한 실
바탕_ 연보라색(linea 'daily wool' #33) 1/4타래
연두색(linea 'daily wool' #28)
노란색(linea 'daily wool' #4)
빨간색(yokota 'iroiro' #37)

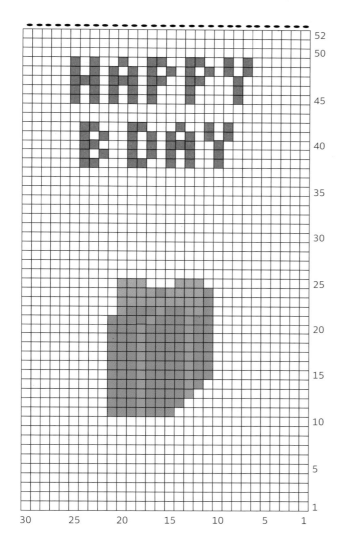

happy birthday

완성품 사이즈
가로 10cm, 세로 14cm

사용한 도구
3mm 대바늘, 돗바늘, 가위, 쓰지
않는 종이 쇼핑백, 글루건, 액자

사용한 실
바탕 _ 흰색(linea 'daily wool' #2)
1/4타래
연한 하늘색(linea 'daily wool' #21),
주황색(linea 'daily wool' #29)
빨간색(yokota 'iroiro' #37)

merry christmas

완성품 사이즈

가로 10cm, 세로 14cm

사용한 도구

3mm 대바늘, 돗바늘, 가위, 쓰지
않는 종이 쇼핑백, 글루건, 액자

사용한 실

바탕_ 하늘색(yokota 'iroiro' #22)
　　　 1/4타래

빨간색(yokota 'iroiro' #37)

갈색(yokota 'iroiro' #8)

흰색(linea 'daily wool' #2)

검은색(linea 'daily wool' #18)

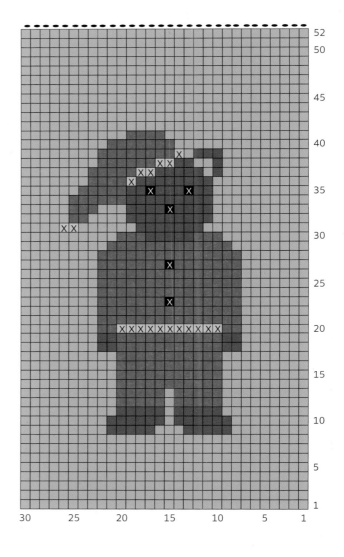

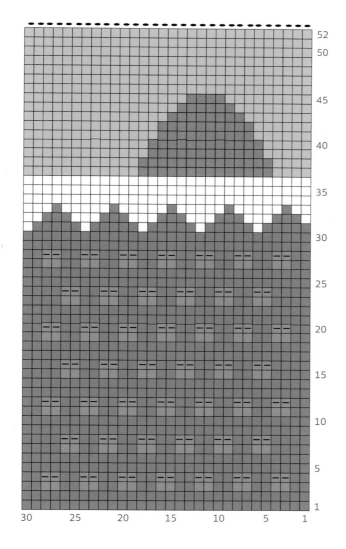

happy new year

완성품 사이즈

가로 10cm, 세로 14cm

사용한 도구

3mm 대바늘, 돗바늘, 가위, 쓰지 않는 종이 쇼핑백, 글루건, 액자

사용한 실

바탕_ 하늘색(linea 'daily wool' #23) 1/4타래

은색(rico 'ricorumi dk' #silver)

흰색(linea 'daily wool' #2)

주황색(yokota 'iroiro' #39, yokota 'iroiro' #31)

뜨는 방법

1. 시작코 30코를 만듭니다(thank you 카드는 31코).

2. 평뜨기로 배색뜨기 하면서 52단을 도안대로 뜹니다.

3. 코막음을 하고 남은 실을 정리합니다.
   * merry christmas 카드는 도안대로 자수를 놓습니다.

4. 편물이 말리지 않도록 종이가방(쇼핑백) 위에 글루건으로 붙이고, 직사각형 모양을 따라 가위로 자릅니다.

5. 적당한 사이즈의 액자에 끼웁니다.

강아지 미니 가방

부담없이 슥~ 어디든 멋스럽게 들기 좋은 강아지 가방.
꽤 넉넉한 사이즈로 간단한 소지품을 넣기도 좋습니다.

앞면

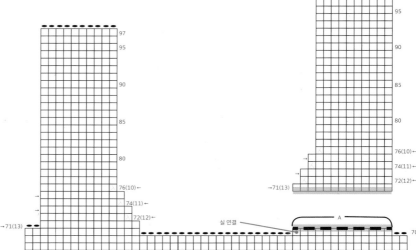

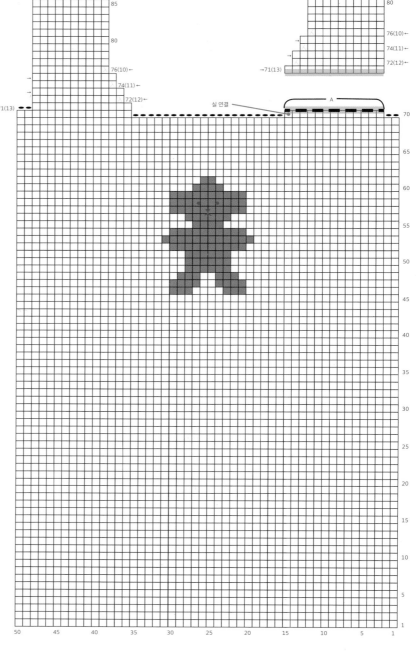

완성품 사이즈
가로 25cm, 세로 (손잡이 포함)
36cm (손잡이 제외) 25cm

사용한 도구
4mm 대바늘, 돗바늘, 끝이
뾰족한 돗바늘, 어깨핀, 가위

사용한 실
바탕_흰색과 하늘색 믹스
(wool and the gang 'washed
out denim' #washed out
denim) 2타래, 검은색(wool
and the gang 'take care
mohair' space black) 1/5타래,
울 자수실 갈색

게이지
가로 1cm = 2코
세로 1cm = 3단

뒷면

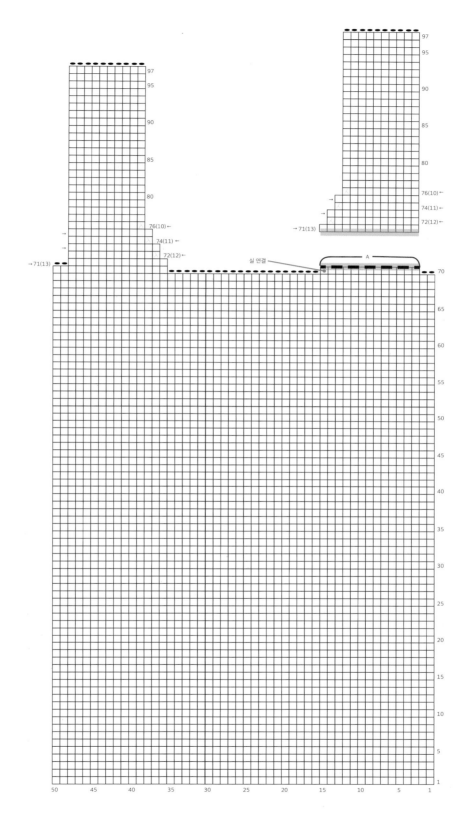

97
95

90

85

80

76(10) ←
74(11) ←
72(12) ←
→71(13)

97

95

90

85

80

76(10) ←
74(11) ←
72(12) ←
→71(13)

실 연결
A
70

65

60

55

50

45

40

35

30

25

20

15

10

5

1

50   45   40   35   30   25   20   15   10   5   1

뜨는 방법

1. 바탕실로 앞면 시작코 50코를 만듭니다.

2. 평뜨기로 1단부터 45단을 메리야스뜨기 합니다.

3. 46단에서 61단을 도안대로 배색뜨기 합니다.

4. 62단에서 69단을 메리야스뜨기 합니다.

5. 70단에서 코막음 2코, 겉뜨기 13코, 코막음 20코, 겉뜨기 15코를 합니다.

6. 71단에서 안뜨기로 코막음 2코, 안뜨기 13코를 한 후 다음 13코(A로 표기)를 쉼코로 처리
   합니다.

7. 72단에서 오른코 줄이기, 겉뜨기 11코를 하고, 73단에서 안뜨기 1단을 합니다.

8. 74단에서 오른코 줄이기, 겉뜨기 10코를 하고, 75단에서 안뜨기 1단을 합니다.

9. 76단에서 오른코 줄이기, 겉뜨기 9코를 하고, 77~97단은 안뜨기로 시작해서 메리야스뜨
   기 합니다.

10. 코막음하고 꼬리실을 20cm 정도 남깁니다.

11. 쉼코로 처리한 A부분의 13코를 바늘에 옮기고, 표시된 코에 바탕 실을 새로 연결하여
    71~97단을 같은 방법으로 뜹니다.

12. 바탕실로 뒷면 시작코 50코를 만듭니다.

13. 평뜨기로 1단부터 69단을 메리야스뜨기 합니다.

14. 70단부터 97단을 앞면과 같은 방법으로 뜹니다.

15. 앞면과 뒷면, 두 장의 편물을 안감 면이 서로 마주 보도록 포개어놓고 윗부분을 제외한 3
    면과 손잡이 끝부분을 꼬리실로 메리야스 꿰매기를 합니다.

코와 코를 잇는
메리야스 꿰매기

단과 단을 잇는
메리야스 꿰매기

단과 단을 잇는
메리야스 꿰매기

코와 코를 잇는
메리야스 꿰매기

16. 남은 실을 정리합니다.

17. 도안을 참고하여 강아지의 눈, 코, 입을 자수로 표현합니다.

PocoGrande's Knitting

빵 미니 가방

가방은 일상에서 없어서는 안 되는 소품 중 하나죠.
이 유쾌한 빵 패턴의 가방은 사용할 때마다 잔잔한 웃음을 짓
게 될 거예요.

앞면

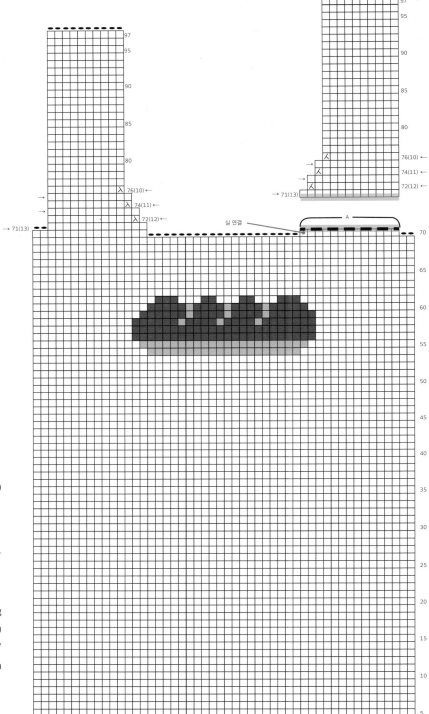

완성품 사이즈

가로 25cm, 세로(손잡이 포함)
36cm(손잡이 제외) 25cm

사용한 도구

4mm 대바늘, 돗바늘, 어깨핀,
가위

사용한 실

바탕_흰색(wool and the gang
'billie jean yarn' #ecru white)
2타래, 진갈색(yokota 'iroiro'
#8) 1/5타래, 연갈색(yokota
'iroiro' #5) 1/5타래

게이지

가로 1cm = 2코
세로 1cm = 3단

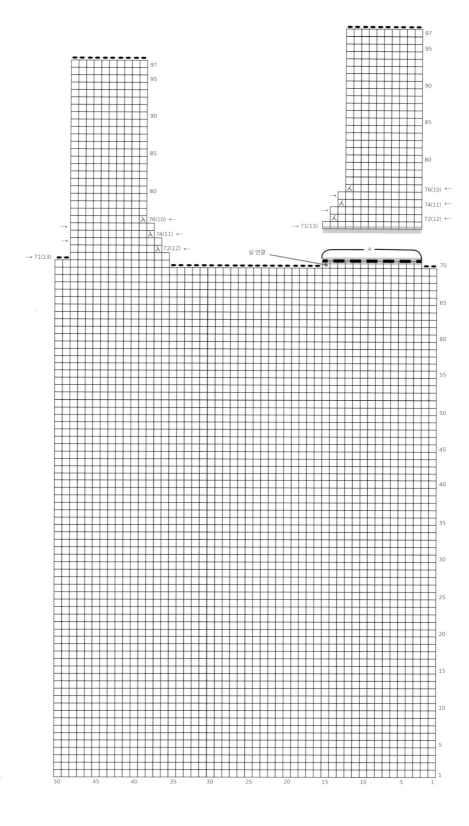

뜨는 방법

1. 바탕실로 앞면 시작코 50코를 만듭니다.

2. 평뜨기로 1단부터 53단을 메리야스뜨기 합니다.

3. 54단에서 61단을 도안대로 배색뜨기 합니다.
   ＊ 빵 패턴에 쓰이는 실 2종류는 2줄을 잡고 사용해주세요.

4. 62단에서 69단을 메리야스뜨기 합니다.

5. 70단에서 코막음 2코, 겉뜨기 13코, 코막음 20코, 겉뜨기 15코를 합니다.

6. 71단에서 안뜨기로 코막음 2코, 안뜨기 13코 한 후 다음 13코(A로 표기)를 쉼코로 처리합니다.

7. 72단에서 오른코 줄이기, 겉뜨기 11코를 하고, 73단에서 안뜨기 1단을 합니다.

8. 74단에서 오른코 줄이기, 겉뜨기 10코를 하고, 75단에서 안뜨기 1단을 합니다.

9. 76단에서 오른코 줄이기, 겉뜨기 9코를 하고, 77~97단은 안뜨기로 시작해서 메리야스뜨기 합니다.

10. 코막음하고 꼬리실을 20cm 정도 남깁니다.

11. 쉼코로 처리한 A부분의 13코를 바늘에 옮기고, 표시된 코에 바탕실을 새로 연결하여 71~97단을 같은 방법으로 뜹니다.

12. 바탕실로 뒷면 시작코 50코를 만듭니다.

13. 평뜨기로 1단부터 69단을 메리야스뜨기 합니다.

14. 70단부터 97단을 앞면과 같은 방법으로 뜹니다.

15. 앞면과 뒷면, 두 장의 편물을 안감 면이 서로 마주 보도록 포개어놓고 윗부분을 제외한 3면과 손잡이 끝부분을 꼬리실로 메리야스 꿰매기를 합니다.

코와 코를 잇는
메리야스 꿰매기

단과 단을 잇는
메리야스 꿰매기

단과 단을 잇는
메리야스 꿰매기

코와 코를 잇는
메리야스 꿰매기

16. 남은 실을 정리합니다.

자동차 미니 가방

아이와 어른 모두를 충족시킬 키치한 자동차 가방. 바스락
거리는 소재의 실을 사용하여 멋스럽게 들기 좋습니다.

완성품 사이즈

가로 22cm, 세로 (손잡이 포함) 35cm, (손잡이 제외) 24cm

사용한 도구

4mm 대바늘, 4mm 장갑바늘 4개, 돗바늘, 가위

사용한 실

바탕_피스타치오색(wool and the gang 'buddy hemp yarn' #pistachio green) 2타래, 빨간색(linea 'daily wool' #13) 1/5타래, 파란색(linea 'daily wool' #8) 1/5타래

게이지

가로 1cm = 2코, 세로 1cm = 3단

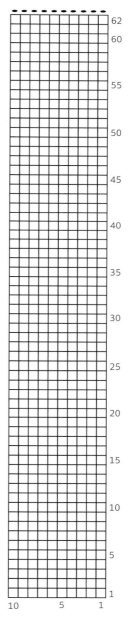

손잡이X2

원형뜨기

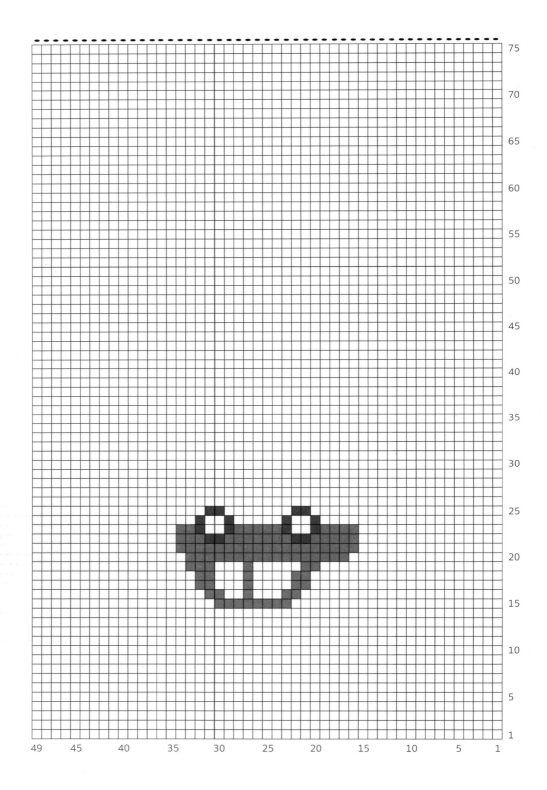

뒷면

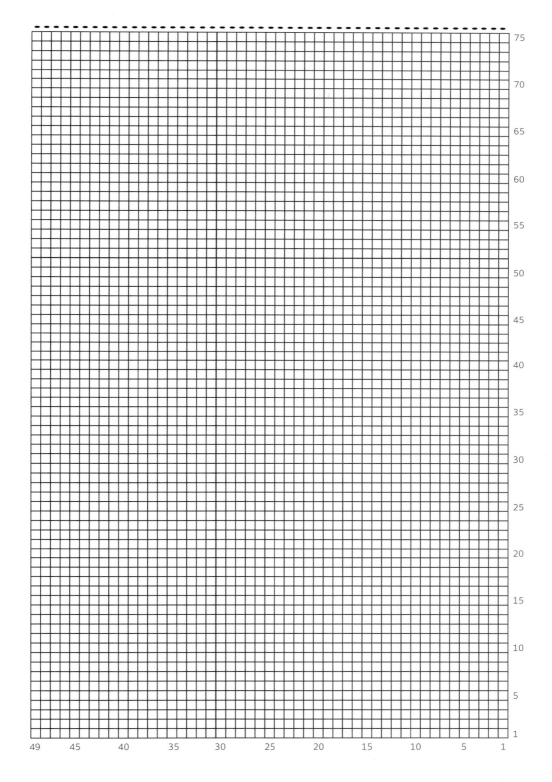

뜨는 방법

1. 바탕실로 앞면 시작코 49코를 만듭니다.

2. 평뜨기로 1단부터 14단을 메리야스뜨기 합니다.

3. 15단에서 25단을 도안대로 배색뜨기 합니다.

   ＊ 자동차 패턴에 사용되는 실 2종류는 2줄을 잡고 사용해주세요.

4. 26단에서 75단을 메리야스뜨기 합니다.

5. 코막음하고, 남은 실을 정리합니다.

6. 바탕실로 뒷면 시작코 49코를 만듭니다.

7. 평뜨기로 1단에서 75단을 메리야스뜨기 합니다.

8. 코막음하고, 꼬리 실을 80cm 정도 넉넉하게 남깁니다.

9. 바탕실로 손잡이 시작코 10코를 만듭니다. 꼬리실을 20cm 정도 남깁니다.

10. 원형뜨기로 1단부터 62단을 메리야스뜨기 합니다. 손잡이를 더 길게 하고 싶다면 원하는 만큼 단수를 추가합니다.

11. 코막음하고, 꼬리실을 20cm 정도 남깁니다.

12. 같은 방법으로 손잡이를 하나 더 만듭니다.

13. 앞면과 뒷면, 두 장의 편물을 안감 면이 서로 마주 보도록 포개어놓고 윗부분을 제외한 3면과 손잡이를 꼬리실로 메리야스 꿰매기를 합니다.

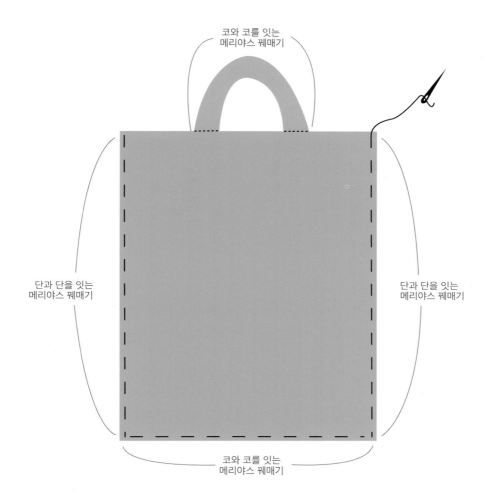

코와 코를 잇는
메리야스 꿰매기

단과 단을 잇는
메리야스 꿰매기

단과 단을 잇는
메리야스 꿰매기

코와 코를 잇는
메리야스 꿰매기

14. 남은 실을 정리합니다.

나만의 이름표

아이의 책가방, 수납함, 식물 등 필요한 곳에 어디든 실용적
으로 나에게 맞게 만들어 사용할 수 있는 네임택입니다.
저는 어린 조카들이 언젠가 학교에 갈 때 책가방에 달았으면
하는 바람으로 조카들 이름을 넣은 네임택을 만들어보았습
니다. 여러분도 개성을 살린 나만의 이름표를 한 번 만들어
보세요.

네임택 no. 1

완성품 사이즈
가로 9.5cm, 세로 4cm, 끈 지름
0.5cm, 끈 길이 20cm

사용한 도구
3mm 대바늘, 3호 모사용 코바늘,
돗바늘, 가위

사용한 실
바탕_베이지색(yokota 'iroiro' #2),
진갈색(yokota 'iroiro' #11), 빨간색
(yokota 'iroiro' #37)

게이지
가로 1cm = 3코, 세로 1cm = 3단

앞면

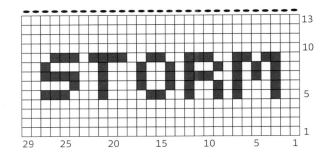

뒷면

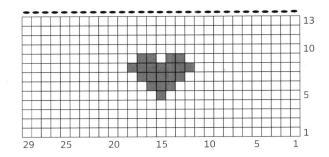

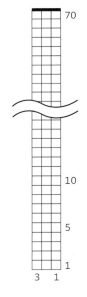

아이코드뜨기

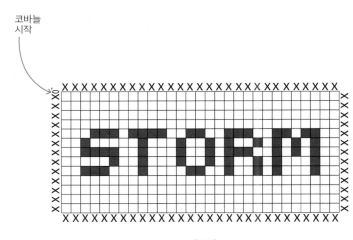

테두리

네임택 no. 2

완성품 사이즈
가로 11.5cm, 세로 4cm, 고리 지름 0.5cm, 끈 길이 20cm

사용한 도구
3mm 대바늘, 3호 모사용 코바늘, 돗바늘, 가위

사용한 실
바탕_베이지색(yokota 'iroiro' #2), 진갈색(yokota 'iroiro' #11), 빨간색(yokota 'iroiro' #37),
노란색(yokota 'iroiro' #31)

게이지
가로 1cm = 3코, 세로 1cm = 3단

앞면

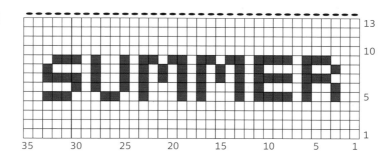

뒷면

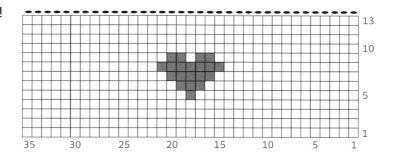

뜨는 방법

1. 바탕 실로 뒷면 시작코 29코(no.2는 35코)를 만듭니다.

2. 평뜨기로 배색뜨기 하면서 13단을 도안대로 뜹니다.

3. 코막음을 하고 실을 정리합니다.

4. 바탕실로 앞면 시작코 29(no.2는 35코)를 만듭니다.

5. 평뜨기로 배색뜨기 하면서 13단을 도안대로 뜹니다.

6. 코막음을 하고 실을 끊지 않은 상태에서 두 장의 편물을 안감 면이 서로 마주 보도록 포개어놓고, 바로 코바늘로 테두리 작업을 합니다.

7. 매 코와 매 단에 짧은뜨기 1코를 떠 넣어 편물이 말리지 않도록 테두리를 만듭니다.

8. 끈 실로 시작코 3코를 만들고, 아이코드뜨기로 70단을 뜹니다. 끈을 더 길게 하고 싶다면 원하는 길이만큼 단수를 추가해서 뜹니다.

9. 코 오므리기로 마무리를 하고, 남은 실로 네임택의 모서리에 끈을 바느질합니다.

10. 남은 실을 정리한 후 원하는 곳에 네임택을 달아주세요.

원하는 알파벳을 조합해서 나만의 네임택 도안 만들기

• 앞면

  1. 알파벳을 선택하고 알파벳 사이에 간격을 1코씩 넣어 총 몇 코인지 계산합니다.

  2. 알파벳 시작과 끝에 2코씩을 추가해서 전체 시작코를 설정합니다.

  3. 위와 아래에 메리야스뜨기 4단씩 추가해서 전체 단수를 설정합니다.

• 뒷면

  1. 전체 콧수와 단수가 정해졌으면 정중앙에 하트를 기존 도안을 참고하여 그려 넣습니다.

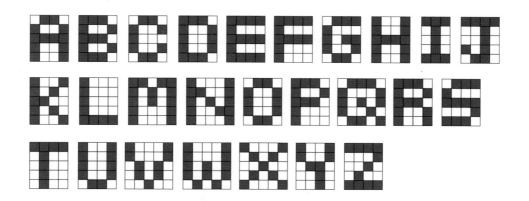

우산 손잡이 커버

버려지기 쉬운 일회용 우산에 작은 포인트를 더해 나만의 특별한 소품으로 만들어보세요. 비가 와서 우중충했던 기분까지 화사해질 거예요.

우산 손잡이 커버 1

완성품 사이즈
지름 7cm, 세로 21cm

사용한 도구
3mm 장갑바늘 4개, 돗바늘, 가위

사용한 실
바탕_연한 회색(bc garn 'bio balance' #11), 주황색(linea 'daily wool' #29)

게이지
가로 1cm = 3코, 세로 1cm = 3단

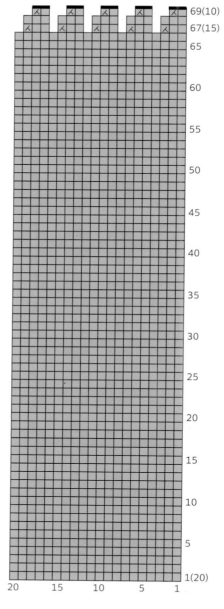

원형뜨기

뜨는 방법

1. 바탕실로 시작코 20코를 만듭니다.

2. 원형뜨기 하면서 1단을 뜹니다.

3. 2단에서 66단을 도안대로 배색뜨기 합니다.

4. 67단에서 [겉뜨기 2코, 왼코 줄이기]를 5번 반복해서 15코로 줄입니다.

5. 68단은 콧수 변동 없이 겉뜨기 1단을 합니다.

6. 69단에서 [겉뜨기 1코, 왼코 줄이기]를 5번 반복해서 10코로 줄입니다.

5. 코 오므리기로 마무리합니다.

6. 남은 실을 정리합니다.

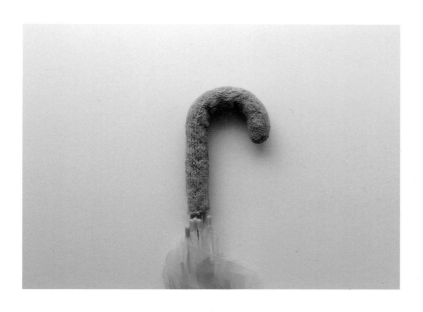

우산 손잡이 커버 2

완성품 사이즈
지름 8cm, 세로 20.5cm

사용한 도구
3mm 장갑바늘 4개, 돗바늘, 가위

사용한 실
바탕_파란색(lang 'novena' #6),
흰색(lang 'novena' #94)

게이지
가로 1cm = 3코, 세로 1cm = 3단

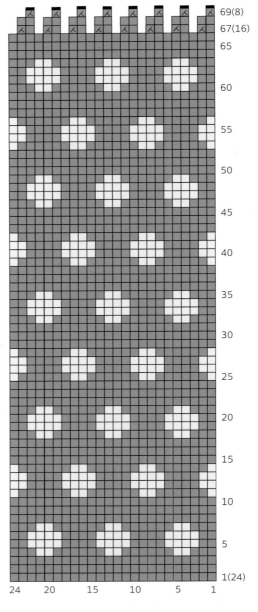

원형뜨기

뜨는 방법

1. 바탕실로 시작코 24코를 만듭니다.

2. 원형뜨기 하면서 1단을 뜹니다.

3. 2단에서 66단을 도안대로 배색뜨기 합니다.

4. 67단에서 [겉뜨기 1코, 왼코 줄이기]를 8번 반복해서 16코로 줄입니다.

5. 68단은 콧수 변동 없이 겉뜨기 1단을 합니다.

6. 69단에서 왼코 줄이기를 8번 반복해서 8코로 줄입니다.

5. 코 오므리기로 마무리합니다.

6. 남은 실을 정리합니다.

우산 손잡이 커버 3

완성품 사이즈
지름 8cm, 세로 20cm

사용한 도구
3mm 장갑바늘 4개, 돗바늘, 가위

사용한 실
바탕_분홍색(kpc 'glencoul dk' #bridal rose), 진노란색(bc garn 'bio balance' #16)

게이지
가로 1cm = 2.5코
세로 1cm = 3.5단

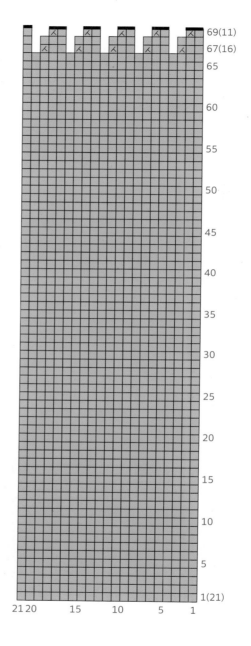

뜨는 방법

1. 바탕실로 시작코 21코를 만듭니다.

2. 원형뜨기 하면서 1단을 뜹니다.

3. 2단에서 66단을 도안대로 배색뜨기 합니다.

4. 67단에서 [겉뜨기 2코, 왼코 줄이기]를 5번 반복한 후 겉뜨기 1코를 해서 16코로 줄입니다.

5. 68단은 콧수 변동 없이 겉뜨기 1단을 합니다.

6. 69단에서 [겉뜨기 1코, 왼코 줄이기]를 5번 반복한 후 겉뜨기 1코를 해서 11코로 줄입니다.

5. 코 오므리기로 마무리합니다.

6. 남은 실을 정리합니다.

  * 일반 편의점에서 판매하는 우산 손잡이를 기준으로 샘플을 만들었습니다. 우산 손잡이의 길이에 따라 단
     수를 원하는 만큼 조절합니다.

  * 3mm 바늘용 비슷한 컬러의 실을 사용해도 됩니다.

PocoGrande's Knitting

화분 커버

반려 식물에게 옷을 만들어주세요. 질리지 않는 스트라이프
무늬와 체크 무늬로 멋스럽게요.
어디에든 은은한 포인트가 됩니다.

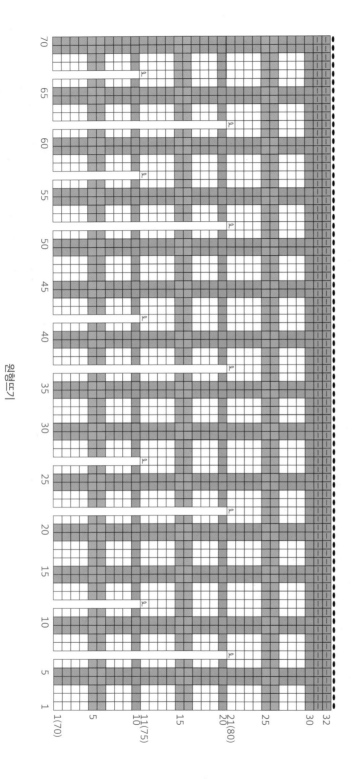

원형뜨기

패턴 no. 1

완성품 사이즈
지름 (아래) 25cm, (위) 30cm, 높이 9cm

사용한 도구
3mm 장갑바늘 4개, 돗바늘, 가위

사용한 실
바탕_아이보리색(linea 'daily wool' #2) 1/2타래, 하늘색(linea 'daily wool' #21) 1/4타래, 형광주황색(linea 'daily wool' #29) 1/4타래, 형광연두색(linea 'daily wool' #28) 1/4타래

게이지
가로 1cm = 3코, 세로 1cm = 3.5단

패턴 no. 2

완성품 사이즈
지름 (아래) 25cm, (위) 30cm, 높이 9cm

사용한 도구
3mm 장갑바늘 4개, 돗바늘, 가위

사용한 실
바탕_아이보리색(linea 'daily wool' #2) 1/2타래, 노란색(linea 'daily wool' #4)1/2타래, 연분홍색(yokota 'iroiro' #40) 1/4타래

게이지
가로 1cm = 3코, 세로 1cm = 3.5단

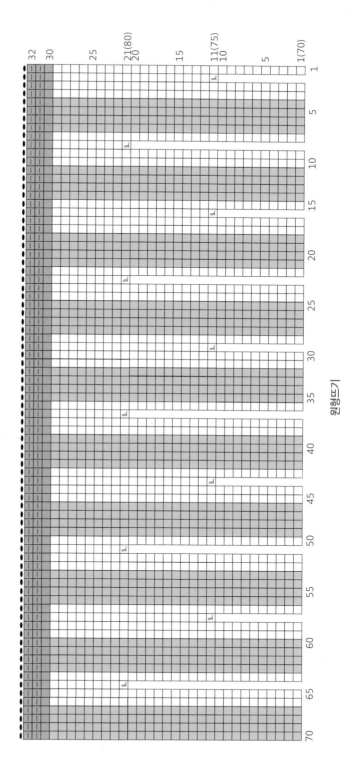

원형뜨기

뜨는 방법

1. 시작코 70코를 만듭니다.

2. 원형뜨기로 배색뜨기 하면서 1단부터 10단을 도안대로 뜹니다.

3. 11단에서 중간중간 왼코 만들기를 해서 코를 75코로 늘립니다.

4. 12단부터 20단을 도안대로 뜹니다.

5. 21단에서 중간중간 왼코 만들기를 해서 코를 80코로 늘립니다.

6. 22단부터 30단을 도안대로 뜹니다.

7. 31단과 32단은 안뜨기합니다.

8. 전체 코막음합니다.

9. 꼬리실을 정리하고 화분에 씌워줍니다.

* 가장 흔하게 볼 수 있는 플라스틱 화분을 기준으로 만들었습니다. 화분의 크기가 다르다면 가로와 세로를 재어 단수와 콧수를 조절하여 만드세요.

PocoGrande's Knitting

복주머니 파우치

씨앗을 넣는 주머니로 만들었는데 일상에 필요한 자그마한
소지품들을 넣는 용도의 파우치로 사용해도 좋겠습니다. 잃
어버리기 쉬운 물건들을 담아서 사용하기 편리해요.

새 파우치

완성품 사이즈

가로 10cm, 세로 15cm , 바닥 지름 8.5cm

사용한 도구

3mm 장갑바늘 5개, 4호 모사용 코바늘, 돗바늘, 가위

사용한 실

바탕_겨자색(hamanaka 'flax k' #205) 2타래, 흰색(linea 'daily wool' #2) 1/5타래, 연보라색(linea 'daily wool' #33) 1/6타래, 초록색(yokota 'iroiro' #23) 1/5타래

게이지

가로 1cm = 3코, 세로 1cm = 3.5단

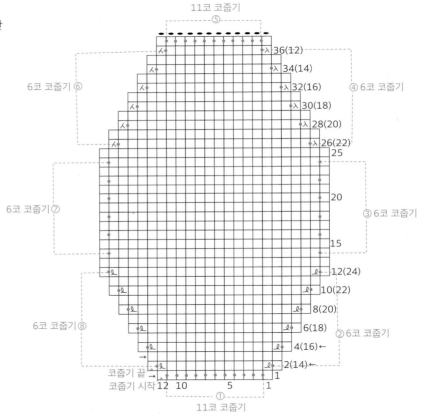

바닥

파우치 기둥
(원형뜨기)

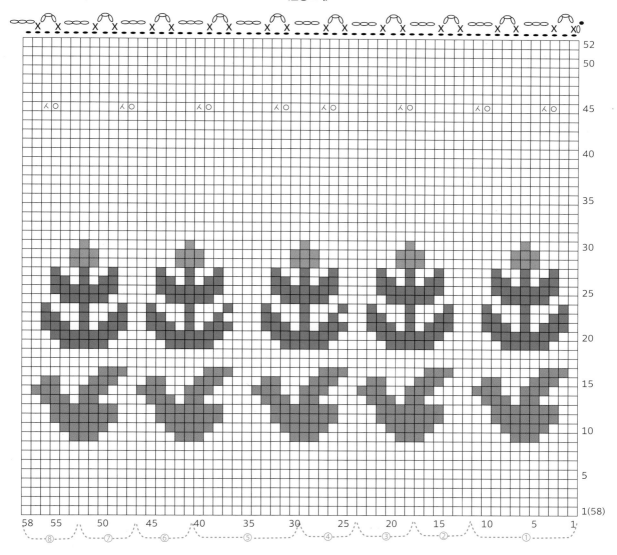

끈 X2

시작

120   1

뜨는 방법

1. 바탕실로 바닥 시작코 12코를 만듭니다.

2. 평뜨기로 안뜨기 1단을 합니다.

3. 2단에서 [겉뜨기 1코, 오른코 만들기, 겉뜨기 10코, 왼코 만들기, 겉뜨기 1코] 하고, 3단에서 콧수 변동 없이 안뜨기 1단을 합니다.

4. 4단에서 [겉뜨기 1코, 오른코 만들기, 겉뜨기 12코, 왼코 만들기, 겉뜨기 1코] 하고, 5단에서 콧수 변동 없이 안뜨기 1단을 합니다.

5. 6단에서 [겉뜨기 1코, 오른코 만들기, 겉뜨기 14코, 왼코 만들기, 겉뜨기 1코] 하고, 7단에서 콧수 변동 없이 안뜨기 1단을 합니다.

6. 8단에서 [겉뜨기 1코, 오른코 만들기, 겉뜨기 16코, 왼코 만들기, 겉뜨기 1코] 하고, 9단에서 콧수 변동 없이 안뜨기 1단을 합니다.

7. 10단에서 [겉뜨기 1코, 오른코 만들기, 겉뜨기 18코, 왼코 만들기, 겉뜨기 1코] 하고, 11단에서 콧수 변동 없이 안뜨기 1단을 합니다.

8. 12단에서 [겉뜨기 1코, 오른코 만들기, 겉뜨기 20코, 왼코 만들기, 겉뜨기 1코] 하고, 13~25단은 콧수 변동 없이 안뜨기로 시작해서 메리야스뜨기 13단을 합니다.

9. 26단에서 [오른코 줄이기, 겉뜨기 20코, 왼코 줄이기] 하고, 27단에서 콧수 변동 없이 안뜨기 1단을 합니다.

10. 28단에서 [오른코 줄이기, 겉뜨기 18코, 왼코 줄이기] 하고, 29단에서 콧수 변동 없이 안뜨기 1단을 합니다.

11. 30단에서 [오른코 줄이기, 겉뜨기 16코, 왼코 줄이기] 하고, 31단에서 콧수 변동 없이 안뜨기 1단을 합니다.

12. 32단에서 [오른코 줄이기, 겉뜨기 14코, 왼코 줄이기] 하고, 33단에서 콧수 변동 없이 안뜨기 1단을 합니다.

13. 34단에서 [오른코 줄이기, 겉뜨기 12코, 왼코 줄이기] 하고, 35단에서 콧수 변동 없이 안뜨기 1단을 합니다.

14. 36단에서 [오른코 줄이기, 겉뜨기 10코, 왼코 줄이기] 하고, 37단에서 콧수 변동 없이 안 뜨기 1단을 합니다.

15. 코막음하고, 남은 실을 정리합니다 .

16. 바탕실로 도안에 표시된 곳을 따라서 원형으로 총 58코를 줍습니다.

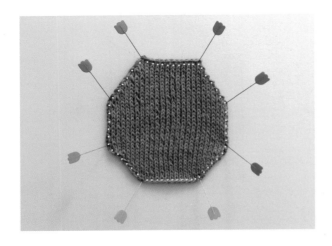

17. 코줍기 한 58코를 원형뜨기로 뜹니다. 1~8단을 메리야스뜨기 합니다.

18. 9~30단을 도안대로 배색뜨기 합니다.

19. 31~44단을 메리야스뜨기 합니다.

20. 45단은 도안대로 바늘비우기와 왼코 줄이기를 해서 끈을 끼울 구멍을 만듭니다.

21. 46~52단을 메리야스뜨기 합니다.

22. 코막음을 하고 실을 끊지 않은 상태에서 바로 코바늘로 테두리 작업을 합니다.

23. 도안대로 코바늘로 테두리를 만들고, 빼뜨기로 마무리한 후 모든 실을 정리합니다.

24. 코바늘 사슬뜨기 120코로 파우치의 끈을 2개 만듭니다.

25. 파우치에 낸 구멍을 그림을 참고하여 끼우고 양쪽으로 매듭을 짓습니다.

26. 줄을 잡아당겨서 파우치 모양을 잡아줍니다.

토끼 파우치

완성품 사이즈
가로 10cm, 세로 15cm , 바닥 지름 8.5cm

사용한 도구
3mm 장갑바늘 5개, 4호 모사용 코바늘, 돗바늘, 가위, 바느질용 실과 바늘, 1mm 시드비즈 5알

사용한 실
바탕_남색(hamanaka 'flax k' #17) 2타래, 흰색(linea 'daily wool' #2) 1/5타래, 주황색(yokota 'iroiro' #39) 1/6타래, 초록색(yokota 'iroiro' #23) 1/5타래

게이지
가로 1cm = 3코, 세로 1cm = 3.5단

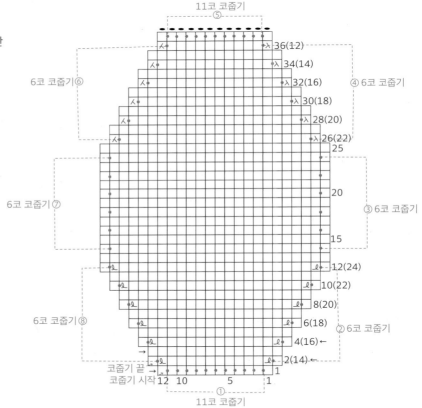

바닥

파우치 기둥
(원형뜨기)

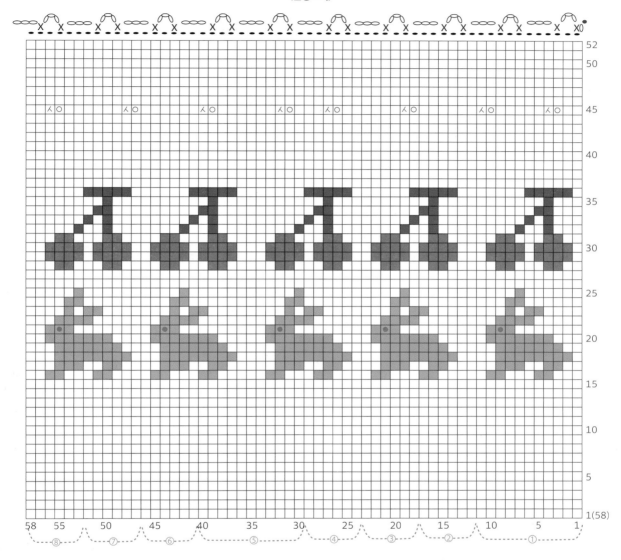

끈 X2

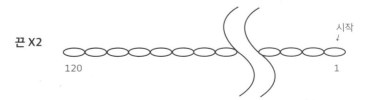

120   시작 ↓
                                        1

뜨는 방법

1. 바탕실로 바닥 시작코 12코를 만듭니다.

2. 평뜨기로 안뜨기 1단을 합니다.

3. 2단에서 [겉뜨기 1코, 오른코 만들기, 겉뜨기 10코, 왼코 만들기, 겉뜨기 1코] 하고, 3단에서 콧수 변동 없이 안뜨기 1단을 합니다.

4. 4단에서 [겉뜨기 1코, 오른코 만들기, 겉뜨기 12코, 왼코 만들기, 겉뜨기 1코] 하고, 5단에서 콧수 변동 없이 안뜨기 1단을 합니다.

5. 6단에서 [겉뜨기 1코, 오른코 만들기, 겉뜨기 14코, 왼코 만들기, 겉뜨기 1코] 하고, 7단에서 콧수 변동 없이 안뜨기 1단을 합니다.

6. 8단에서 [겉뜨기 1코, 오른코 만들기, 겉뜨기 16코, 왼코 만들기, 겉뜨기 1코] 하고, 9단에서 콧수 변동 없이 안뜨기 1단을 합니다.

7. 10단에서 [겉뜨기 1코, 오른코 만들기, 겉뜨기 18코, 왼코 만들기, 겉뜨기 1코] 하고, 11단에서 콧수 변동 없이 안뜨기 1단을 합니다.

8. 12단에서 [겉뜨기 1코, 오른코 만들기, 겉뜨기 20코, 왼코 만들기, 겉뜨기 1코] 하고, 13~25단은 콧수 변동 없이 안뜨기로 시작해서 메리야스뜨기 13단을 합니다.

9. 26단에서 [오른코 줄이기, 겉뜨기 20코, 왼코 줄이기] 하고, 27단에서 콧수 변동 없이 안뜨기 1단을 합니다.

10. 28단에서 [오른코 줄이기, 겉뜨기 18코, 왼코 줄이기] 하고, 29단에서 콧수 변동 없이 안뜨기 1단을 합니다.

11. 30단에서 [오른코 줄이기, 겉뜨기 16코, 왼코 줄이기] 하고, 31단에서 콧수 변동 없이 안뜨기 1단을 합니다.

12. 32단에서 [오른코 줄이기, 겉뜨기 14코, 왼코 줄이기] 하고, 33단에서 콧수 변동 없이 안뜨기 1단을 합니다.

13. 34단에서 [오른코 줄이기, 겉뜨기 12코, 왼코 줄이기] 하고, 35단에서 콧수 변동 없이 안뜨기 1단을 합니다.

14. 36단에서 [오른코 줄이기, 겉뜨기 10코, 왼코 줄이기] 하고, 37단에서 콧수 변동 없이 안
    뜨기 1단을 합니다.

15. 코막음하고, 남은 실을 정리합니다 .

16. 바탕실로 도안에 표시된 곳을 따라서 원형으로 총 58코를 줍습니다.

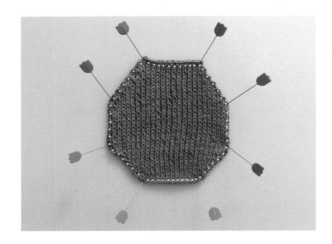

17. 코줍기한 58코를 원형뜨기로 뜹니다. 1~15단을 메리야스뜨기 합니다.

18. 16~36단을 도안대로 배색뜨기 합니다.

19. 37~44단을 메리야스뜨기 합니다.

20. 45단은 도안대로 바늘 비우기와 왼코 줄이기를 해서 끈을 끼울 구멍을 만듭니다.

21. 46~52단을 메리야스뜨기 합니다.

22. 코막음을 하고 실을 끊지 않은 상태에서 바로 코바늘로 테두리 작업을 합니다.

23. 도안대로 코바늘로 테두리를 만들고, 빼뜨기로 마무리한 후 모든 실을 정리합니다.

24. 코바늘 사슬뜨기 120코로 파우치의 끈을 2개 만듭니다.

25. 파우치에 낸 구멍을 그림을 참고하여 끼우고 양쪽으로 매듭을 짓습니다.

26. 줄을 잡아당겨서 파우치 모양을 잡아줍니다.

27. 토끼의 눈은 시드 비즈로 바느질하여 표현합니다.

PocoGrande's Knitting

손모아 장갑
꽃 장갑

따뜻한 햇살 아래 만개한 꽃밭을 상상하며 만든 사랑스러운
패턴의 장갑입니다. 손목 부분에 디테일을 넣어 끼고 벗을
때마저 기분이 좋아진답니다.

완성품 사이즈

가로 (엄지손가락 제외) 9cm, 세로 24cm, 엄지손가락 가로 3cm, 엄지손가락 세로 7cm

사용한 도구

3mm 장갑바늘 5개, 돗바늘, 가위, 어깨핀

사용한 실

바탕_빨간색(yokota 'iroiro' #37) 2타래, 분홍색(yokota 'iroiro' #40) 1/2타래

게이지

가로 1cm = 3코, 세로 1cm = 4단

엄지손가락
(원형뜨기)

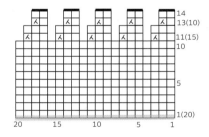

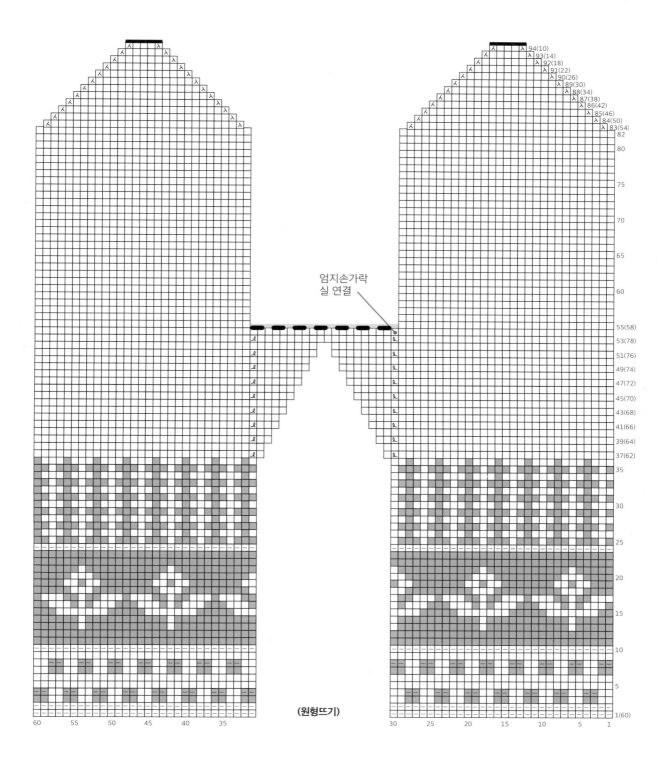

엄지손가락
실 연결

94(10)
93(14)
92(18)
91(22)
90(26)
89(30)
88(34)
87(38)
86(42)
85(46)
84(50)
83(54)
82
80

75

70

65

60

55(58)
53(78)
51(76)
49(74)
47(72)
45(70)
43(68)
41(66)
39(64)
37(62)

35

30

25

20

15

10

5

1(60)

(원형뜨기)

60　　55　　50　　45　　40　　35　　　　　　30　　25　　20　　15　　10　　5　　1

뜨는 방법

1. 바탕 실로 시작코 60코를 만듭니다.

2. 원형뜨기로 1단부터 2단을 안뜨기 합니다.

3. 3단에서 36단을 도안대로 배색뜨기 합니다.

4. 37단에서 [겉뜨기 29코, 왼코 만들기, 겉뜨기 2코, 오른코 만들기, 겉뜨기 29코] 하고, 38단에서 콧수 변동 없이 겉뜨기 1단을 합니다.

5. 39단에서 [겉뜨기 29코, 왼코 만들기, 겉뜨기 4코, 오른코 만들기, 겉뜨기 29코] 하고, 40단에서 콧수 변동 없이 겉뜨기 1단을 합니다.

6. 41단에서 [겉뜨기 29코, 왼코 만들기, 겉뜨기 6코, 오른코 만들기, 겉뜨기 29코] 하고, 42단에서 콧수 변동 없이 겉뜨기 1단을 합니다.

7. 43단에서 [겉뜨기 29코, 왼코 만들기, 겉뜨기 8코, 오른코 만들기, 겉뜨기 29코] 하고, 44단에서 콧수 변동 없이 겉뜨기 1단을 합니다.

8. 45단에서 [겉뜨기 29코, 왼코 만들기, 겉뜨기 10코, 오른코 만들기, 겉뜨기 29코] 하고, 46단에서 콧수 변동 없이 겉뜨기 1단을 합니다.

9. 47단에서 [겉뜨기 29코, 왼코 만들기, 겉뜨기 12코, 오른코 만들기, 겉뜨기 29코] 하고, 48단에서 콧수 변동 없이 겉뜨기 1단을 합니다.

10. 49단에서 [겉뜨기 29코, 왼코 만들기, 겉뜨기 14코, 오른코 만들기, 겉뜨기 29코] 하고, 50단에서 콧수 변동 없이 겉뜨기 1단을 합니다.

11. 51단에서 [겉뜨기 29코, 왼코 만들기, 겉뜨기 16코, 오른코 만들기, 겉뜨기 29코] 하고, 52단에서 콧수 변동 없이 겉뜨기 1단을 합니다.

12. 53단에서 [겉뜨기 29코, 왼코 만들기, 겉뜨기 18코, 오른코 만들기, 겉뜨기 29코] 하고, 54단에서 콧수 변동 없이 겉뜨기 1단을 합니다.

13. 엄지손가락에 해당하는 20코를 쉼코로 처리합니다.

14. 55단에서 나머지 58코를 82단까지 원형뜨기를 합니다.

15. 83단에서 [오른코 줄이기, 겉뜨기 25코, 왼코 줄이기]를 2번 반복해서 54코로 줄입니다.

16. 84단에서 [오른코 줄이기, 겉뜨기 23코, 왼코 줄이기]를 2번 반복해서 50코로 줄입니다.

17. 85단에서 [오른코 줄이기, 겉뜨기 21코, 왼코 줄이기]를 2번 반복해서 46코로 줄입니다.

18. 86단에서 [오른코 줄이기, 겉뜨기 19코, 왼코 줄이기]를 2번 반복해서 42코로 줄입니다.

19. 87단에서 [오른코 줄이기, 겉뜨기 17코, 왼코 줄이기]를 2번 반복해서 38코로 줄입니다.

20. 88단에서 [오른코 줄이기, 겉뜨기 15코, 왼코 줄이기]를 2번 반복해서 34코로 줄입니다.

21. 89단에서 [오른코 줄이기, 겉뜨기 13코, 왼코 줄이기]를 2번 반복해서 30코로 줄입니다.

22. 90단에서 [오른코 줄이기, 겉뜨기 11코, 왼코 줄이기]를 2번 반복해서 26코로 줄입니다.

23. 91단에서 [오른코 줄이기, 겉뜨기 9코, 왼코 줄이기]를 2번 반복해서 22코로 줄입니다.

24. 92단에서 [오른코 줄이기, 겉뜨기 7코, 왼코 줄이기]를 2번 반복해서 18코로 줄입니다.

25. 93단에서 [오른코 줄이기, 겉뜨기 5코, 왼코 줄이기]를 2번 반복해서 14코로 줄입니다.

26. 94단에서 [오른코 줄이기, 겉뜨기 3코, 왼코 줄이기]를 2번 반복해서 10코로 줄입니다.

27. 코 오므리기로 마무리 하고, 남은 실을 정리합니다.

28. 쉼코로 처리한 엄지손가락 20코를 바늘에 다시 옮깁니다.

29. 표시된 코에 바탕 실을 새로 연결하여(꼬리실을 20cm 정도 남겨주세요) 1단에서 10단을 원형뜨기 합니다. 엄지손가락이 긴 편이라면 단수를 원하는 만큼 추가합니다.

30. 11단에서 [겉뜨기 2코, 왼코 줄이기]를 5번 반복해서 15코로 줄이고, 12단은 콧수 변동 없이 겉뜨기 1단을 합니다.

31. 13단에서 [겉뜨기 1코, 왼코 줄이기]를 5번 반복해서 10코로 줄이고, 14단은 콧수 변동 없이 겉뜨기 1단을 합니다.

32. 코 오므리기로 마무리하고, 남은 실을 정리합니다.

33. 꼬리실로 엄지손가락과 장갑 몸통 사이에 난 구멍을 따라 보이는 코들을 시계 반대방향 순서대로 끼웁니다.

34. 2바퀴 돌리고 잡아당겨서 오므립니다. 남은 실을 정리합니다.

35. 같은 방법으로 한 짝을 더 만듭니다.

PocoGrande's Knitting

손모아 장갑
목화 장갑

차분하고 흔하지 않은 목화 패턴으로 어디든 무난하게 잘 어
울리는 장갑입니다. 은근 우아해 보이기도 하답니다.

완성품 사이즈

가로(엄지손가락 제외) 9cm, 세로 21cm, 엄지손가락 가로 3cm, 엄지손가락 세로 7cm

사용한 도구

3mm 장갑바늘 5개, 돗바늘, 가위, 어깨핀

사용한 실

바탕_검은색(yokota 'iroiro' #47) 2타래, 반짝이는 파란색(richmore 'suspense' #6) 1/3타래, 흰색(hamanaka 'sonomono' #81) 1/3타래

게이지

가로 1cm = 3코, 세로 1cm = 4단

엄지손가락
(원형뜨기)

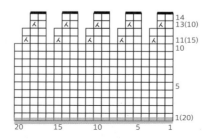

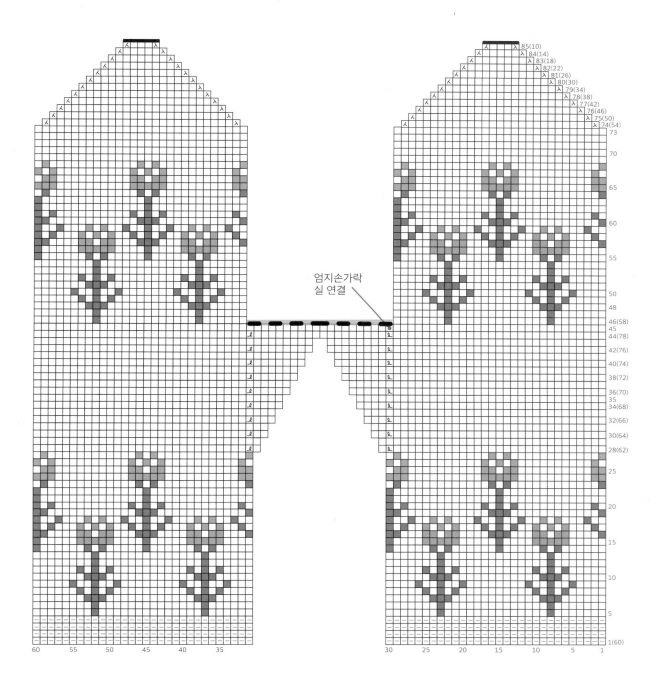

엄지손가락
실 연결

85(10)
84(14)
83(18)
82(22)
81(26)
80(30)
79(34)
78(38)
77(42)
76(46)
75(50)
74(54)
73
70
65
60
55
50
48
46(58)
45
44(78)
42(76)
40(74)
38(72)
36(70)
35
34(68)
32(66)
30(64)
28(62)
25
20
15
10
5
1(60)

60 55 50 45 40 35

30 25 20 15 10 5 1

(원형뜨기)

뜨는 방법

1. 바탕 실로 시작코 60코를 만듭니다.

2. 원형뜨기로 1단부터 4단을 안뜨기 합니다.

3. 5단에서 27단을 도안대로 배색뜨기 합니다.

4. 28단에서 [겉뜨기 29코, 왼코 만들기, 겉뜨기 2코, 오른코 만들기, 겉뜨기 29코] 하고, 29단에서 콧수 변동 없이 겉뜨기 1단을 합니다.

5. 30단에서 [겉뜨기 29코, 왼코 만들기, 겉뜨기 4코, 오른코 만들기, 겉뜨기 29코] 하고, 31단에서 콧수 변동 없이 겉뜨기 1단을 합니다.

6. 32단에서 [겉뜨기 29코, 왼코 만들기, 겉뜨기 6코, 오른코 만들기, 겉뜨기 29코] 하고, 33단에서 콧수 변동 없이 겉뜨기 1단을 합니다.

7. 34단에서 [겉뜨기 29코, 왼코 만들기, 겉뜨기 8코, 오른코 만들기, 겉뜨기 29코] 하고, 35단에서 콧수 변동 없이 겉뜨기 1단을 합니다.

8. 36단에서 [겉뜨기 29코, 왼코 만들기, 겉뜨기 10코, 오른코 만들기, 겉뜨기 29코] 하고, 37단에서 콧수 변동 없이 겉뜨기 1단을 합니다.

9. 38단에서 [겉뜨기 29코, 왼코 만들기, 겉뜨기 12코, 오른코 만들기, 겉뜨기 29코] 하고, 39단에서 콧수 변동 없이 겉뜨기 1단을 합니다.

10. 40단에서 [겉뜨기 29코, 왼코 만들기, 겉뜨기 14코, 오른코 만들기, 겉뜨기 29코] 하고, 41단에서 콧수 변동 없이 겉뜨기 1단을 합니다.

11. 42단에서 [겉뜨기 29코, 왼코 만들기, 겉뜨기 16코, 오른코 만들기, 겉뜨기 29코] 하고, 43단에서 콧수 변동 없이 겉뜨기 1단을 합니다.

12. 44단에서 [겉뜨기 29코, 왼코 만들기, 겉뜨기 18코, 오른코 만들기, 겉뜨기 29코] 하고, 45단에서 콧수 변동 없이 겉뜨기 1단을 합니다.

13. 엄지손가락에 해당하는 20코를 쉼코로 처리합니다.

14. 46단에서 나머지 58코를 원형뜨기로 연결하며 73단까지 도안대로 배색뜨기 합니다.

15. 74단에서 [오른코 줄이기, 겉뜨기 25코, 왼코 줄이기]를 2번 반복해서 54코로 줄입니다.

16. 75단에서 [오른코 줄이기, 겉뜨기 23코, 왼코 줄이기]를 2번 반복해서 50코로 줄입니다.

17. 76단에서 [오른코 줄이기, 겉뜨기 21코, 왼코 줄이기]를 2번 반복해서 46코로 줄입니다.

18. 77단에서 [오른코 줄이기, 겉뜨기 19코, 왼코 줄이기]를 2번 반복해서 42코로 줄입니다.

19. 78단에서 [오른코 줄이기, 겉뜨기 17코, 왼코 줄이기]를 2번 반복해서 38코로 줄입니다.

20. 79단에서 [오른코 줄이기, 겉뜨기 15코, 왼코 줄이기]를 2번 반복해서 34코로 줄입니다.

21. 80단에서 [오른코 줄이기, 겉뜨기 13코, 왼코 줄이기]를 2번 반복해서 30코로 줄입니다.

22. 81단에서 [오른코 줄이기, 겉뜨기 11코, 왼코 줄이기]를 2번 반복해서 26코로 줄입니다.

23. 82단에서 [오른코 줄이기, 겉뜨기 9코, 왼코 줄이기]를 2번 반복해서 22코로 줄입니다.

24. 83단에서 [오른코 줄이기, 겉뜨기 7코, 왼코 줄이기]를 2번 반복해서 18코로 줄입니다.

25. 84단에서 [오른코 줄이기, 겉뜨기 5코, 왼코 줄이기]를 2번 반복해서 14코로 줄입니다.

26. 85단에서 [오른코 줄이기, 겉뜨기 3코, 왼코 줄이기]를 2번 반복해서 10코로 줄입니다.

27. 코 오므리기로 마무리 하고, 남은 실을 정리합니다.

28. 쉼코로 처리한 엄지손가락 20코를 바늘에 다시 옮깁니다.

29. 표시된 코에 바탕실을 새로 연결하여(꼬리실을 20cm 정도 남겨주세요) 1단에서 10단을 원형뜨기 합니다. 엄지손가락이 긴 편이라면 단수를 원하는 만큼 추가합니다.

30. 11단에서 [겉뜨기 2코, 왼코 줄이기]를 5번 반복해서 15코로 줄이고, 12단은 콧수 변동 없이 겉뜨기 1단을 합니다.

31. 13단에서 [겉뜨기 1코, 왼코 줄이기]를 5번 반복해서 10코로 줄이고, 14단은 콧수 변동 없이 겉뜨기 1단을 합니다.

32. 코 오므리기로 마무리하고, 남은 실을 정리합니다.

33. 꼬리실로 엄지손가락과 장갑 몸통 사이에 난 구멍을 따라 보이는 코들을 시계 반대방향
    순서대로 끼웁니다(p152 참고).

34. 2바퀴 돌리고 잡아당겨서 오므립니다. 남은 실을 정리합니다.

35. 같은 방법으로 한 짝을 더 만듭니다.

PocoGrande's Knitting

겨울 모자

겨울의 옷차림은 다소 칙칙합니다. 추운 날씨만큼 몸도 마음
도 움츠러들 때가 많아요. 컬러풀한 모자로 일상에 따뜻한
활기를 후후 불어넣으면 어떨까요?

강아지

완성품 사이즈
지름 42cm, 높이 (고무단 제외)
16.5cm (고무단) 7cm

사용한 도구
4mm 대바늘 (길이 40cm), 돗바늘,
끝이 뾰족한 돗바늘, 가위

사용한 실
wool and the gang 'sugar baby
alpaca' 바탕_진한파란색(ultra
violet) 1타래, 주황색(so yellow) 1/3
타래, 회색(tweed grey) 1/3타래
울 자수실 흰색과 검은색

게이지
가로 1cm = 3코, 세로 1cm = 3단

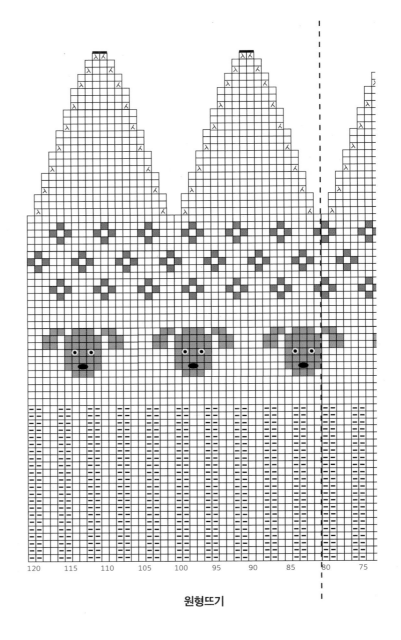

원형뜨기

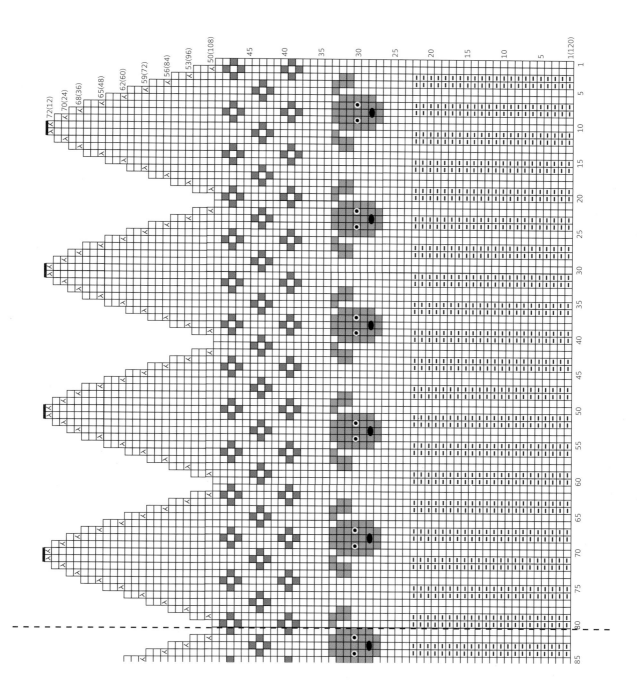

뜨는 방법

1. 바탕실로 시작코 120코를 만듭니다.

2. 원형뜨기로 1단부터 22단을 2코 고무뜨기 합니다.

3. 23단에서 49단을 도안대로 배색뜨기 합니다.

4. 50단에서 [왼코 줄이기, 겉뜨기 16코, 오른코 줄이기]를 6번 반복해서 108코로 줄입니다.

5. 51~52단은 콧수 변동 없이 겉뜨기 2단을 합니다.

6. 53단에서 [왼코 줄이기, 겉뜨기 14코, 오른코 줄이기]를 6번 반복해서 96코로 줄입니다.

7. 54~55단은 콧수 변동 없이 겉뜨기 2단을 합니다.

8. 56단에서 [왼코 줄이기, 겉뜨기 12코, 오른코 줄이기]를 6번 반복해서 84코로 줄입니다.

9. 57~58단은 콧수 변동 없이 겉뜨기 2단을 합니다.

10. 59단에서 [왼코 줄이기, 겉뜨기 10코, 오른코 줄이기]를 6번 반복해서 72코로 줄입니다.

11. 60~61단은 콧수 변동 없이 겉뜨기 2단을 합니다.

12. 62단에서 [왼코 줄이기, 겉뜨기 8코, 오른코 줄이기]를 6번 반복해서 60코로 줄입니다.

13. 63~64단은 콧수 변동 없이 겉뜨기 2단을 합니다.

14. 65단에서 [왼코 줄이기, 겉뜨기 6코, 오른코 줄이기]를 6번 반복해서 48코로 줄입니다.

15. 66~67단은 콧수 변동 없이 겉뜨기 2단을 합니다.

16. 68단에서 [왼코 줄이기, 겉뜨기 4코, 오른코 줄이기]를 6번 반복해서 36코로 줄입니다.

17. 69단은 콧수 변동 없이 겉뜨기 1단을 합니다.

18. 70단에서 [왼코 줄이기, 겉뜨기 2코, 오른코 줄이기]를 6번 반복해서 24코로 줄입니다.

19. 71단은 콧수 변동 없이 겉뜨기 1단을 합니다.

20. 72단에서 [왼코 줄이기, 오른코 줄이기]를 6번 반복해서 12코로 줄입니다.

21. 코 오므리기로 마무리합니다.

22. 꼬리실을 정리합니다.

23. 강아지 패턴의 눈과 코를 자수로 표현합니다.

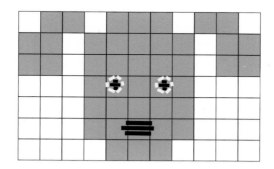

꽃

완성품 사이즈
지름 42cm, 높이(고무단 제외)
16.5cm, (고무단) 7cm

사용한 도구
4mm 대바늘 (길이 40cm), 돗바늘,
가위

사용한 실
wool and the gang 'sugar baby
alpaca' 바탕_인디핑크색(earthy
orange) 1타래, 연한핑크색(mineral
pink) 1/3타래, 연보라색(martini
grey) 1/3타래, 금색(rico 'ricorumi
dk' #gold)

게이지
가로 1cm = 3코, 세로 1cm = 3단

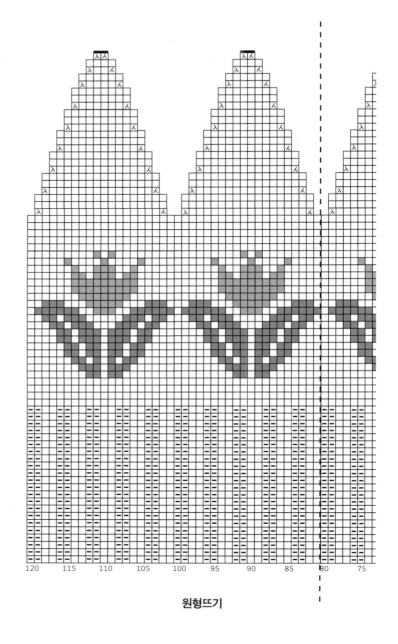

원형뜨기

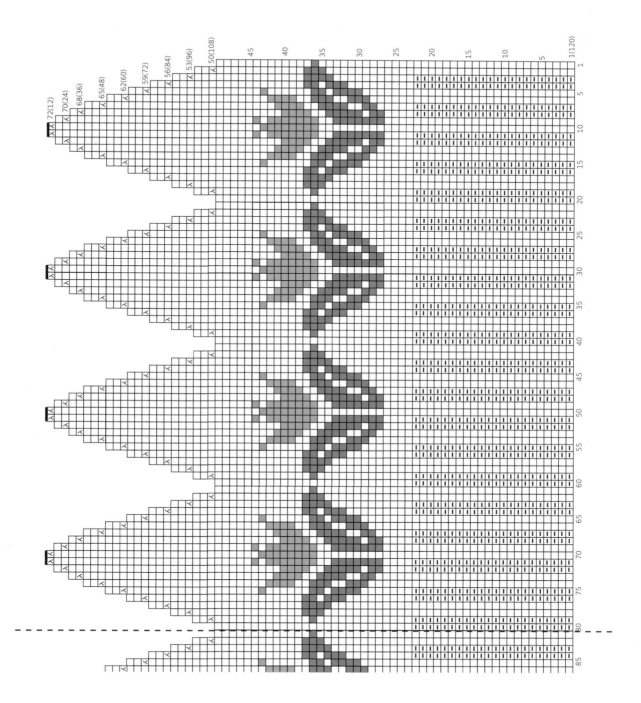

뜨는 방법

1. 바탕실로 시작코 120코를 만듭니다.

2. 원형뜨기로 1단부터 22단을 2코 고무뜨기 합니다.

3. 23단에서 49단을 도안대로 배색뜨기 합니다.

4. 50단에서 [왼코 줄이기, 겉뜨기 16코, 오른코 줄이기]를 6번 반복해서 108코로 줄입니다.

5. 51~52단은 콧수 변동 없이 겉뜨기 2단을 합니다.

6. 53단에서 [왼코 줄이기, 겉뜨기 14코, 오른코 줄이기]를 6번 반복해서 96코로 줄입니다.

7. 54~55단은 콧수 변동 없이 겉뜨기 2단을 합니다.

8. 56단에서 [왼코 줄이기, 겉뜨기 12코, 오른코 줄이기]를 6번 반복해서 84코로 줄입니다.

9. 57~58단은 콧수 변동 없이 겉뜨기 2단을 합니다.

10. 59단에서 [왼코 줄이기, 겉뜨기 10코, 오른코 줄이기]를 6번 반복해서 72코로 줄입니다.

11. 60~61단은 콧수 변동 없이 겉뜨기 2단을 합니다.

12. 62단에서 [왼코 줄이기, 겉뜨기 8코, 오른코 줄이기]를 6번 반복해서 60코로 줄입니다.

13. 63~64단은 콧수 변동 없이 겉뜨기 2단을 합니다.

14. 65단에서 [왼코 줄이기, 겉뜨기 6코, 오른코 줄이기]를 6번 반복해서 48코로 줄입니다.

15. 66~67단은 콧수 변동 없이 겉뜨기 2단을 합니다.

16. 68단에서 [왼코 줄이기, 겉뜨기 4코, 오른코 줄이기]를 6번 반복해서 36코로 줄입니다.

17. 69단은 콧수 변동 없이 겉뜨기 1단을 합니다.

18. 70단에서 [왼코 줄이기, 겉뜨기 2코, 오른코 줄이기]를 6번 반복해서 24코로 줄입니다.

19. 71단은 콧수 변동 없이 겉뜨기 1단을 합니다.

20. 72단에서 [왼코 줄이기, 오른코 줄이기]를 6번 반복해서 12코로 줄입니다.

21. 코 오므리기로 마무리하고 꼬리실을 정리합니다.

노트북 케이스

질리지 않는 깔끔한 무늬의 노트북 케이스를 직접 만들어서
사용해보세요. 배색뜨기로 도톰하게 두께가 생겨서 들고 다
니기에도 좋답니다. 각이 지지 않은 느슨한 매력이 있어요.

완성품 사이즈

가로 22cm, 세로 (덮개 포함) 38cm, (덮개 제외) 29cm

사용한 도구

4mm 줄바늘, 6호 모사용 코바늘, 돗바늘, 바느질용 실과 바늘, 가위, 단추 1개

사용한 실

바탕_회색(wool and the gang 'shiny happy cotton' #jog grey) 2타래,
민트색(wool and the gang 'shiny happy cotton' #magic mint) 1/3타래,
분홍색(wool and the gang 'shiny happy cotton' #pink lemonade) 1/3타래,
흰색(wool and the gang 'billie jean yarn' #ecru white) 1/2타래

게이지

가로 1cm = 2코, 세로 1cm = 2.5단

앞면

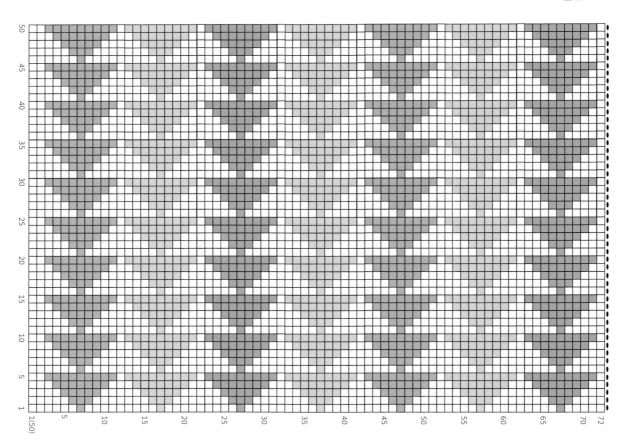

코바늘 시작

99(4)
98(6)
97(8)
96(10)
95(12)
94(14)
93(16)
92(18)
91(20)
90(22)
89(24)
88(26)
87(28)
86(30)
85(32)
84(34)
83(36)
82(38)
81(40)
80(42)
79(44)
78(46)
77(48)

74
72
70
65
60
55
50
45
40
35
30
25
20
15
10
5
1(50)

50 45 40 35 30 25 20 15 10 5 1

뒷면

뜨는 방법

1. 바탕실로 앞면 시작코 50코를 만듭니다.

2. 평뜨기로 1단부터 72단을 도안대로 배색뜨기 합니다.

3. 코막음하고, 남은 실을 정리합니다.

4. 바탕실로 뒷면 시작코 50코를 만듭니다.

7. 평뜨기로 1단에서 72단을 도안대로 배색뜨기 합니다.

8. 73단부터 76단을 도안대로 가터뜨기 합니다.

9. 77단에서 [오른코 줄이기, 겉뜨기 46코, 왼코 줄이기] 해서 48코로 줄입니다.

10. 78단에서 [왼코 줄이기, 겉뜨기 44코, 오른코 줄이기] 해서 46코로 줄입니다.

11. 79단에서 [오른코 줄이기, 겉뜨기 42코, 왼코 줄이기] 해서 44코로 줄입니다.

12. 80단에서 [왼코 줄이기, 겉뜨기 40코, 오른코 줄이기] 해서 42코로 줄입니다.

13. 81단에서 [오른코 줄이기, 겉뜨기 38코, 왼코 줄이기] 해서 40코로 줄입니다.

14. 82단에서 [왼코 줄이기, 겉뜨기 36코, 오른코 줄이기] 해서 38코로 줄입니다.

15. 83단에서 [오른코 줄이기, 겉뜨기 34코, 왼코 줄이기] 해서 36코로 줄입니다.

16. 84단에서 [왼코 줄이기, 겉뜨기 32코, 오른코 줄이기] 해서 34코로 줄입니다.

17. 85단에서 [오른코 줄이기, 겉뜨기 30코, 왼코 줄이기] 해서 32코로 줄입니다.

18. 86단에서 [왼코 줄이기, 겉뜨기 28코, 오른코 줄이기] 해서 30코로 줄입니다.

19. 87단에서 [오른코 줄이기, 겉뜨기 26코, 왼코 줄이기] 해서 28코로 줄입니다.

20. 88단에서 [왼코 줄이기, 겉뜨기 24코, 오른코 줄이기] 해서 26코로 줄입니다.

21. 89단에서 [오른코 줄이기, 겉뜨기 22코, 왼코 줄이기] 해서 24코로 줄입니다.

22. 90단에서 [왼코 줄이기, 겉뜨기 20코, 오른코 줄이기] 해서 22코로 줄입니다.

23. 91단에서 [오른코 줄이기, 겉뜨기 18코, 왼코 줄이기] 해서 20코로 줄입니다.

24. 92단에서 [왼코 줄이기, 겉뜨기 16코, 오른코 줄이기] 해서 18코로 줄입니다.

25. 93단에서 [오른코 줄이기, 겉뜨기 14코, 왼코 줄이기] 해서 16코로 줄입니다.

26. 94단에서 [왼코 줄이기, 겉뜨기 12코, 오른코 줄이기] 해서 14코로 줄입니다.

27. 95단에서 [오른코 줄이기, 겉뜨기 10코, 왼코 줄이기] 해서 12코로 줄입니다.

28. 96단에서 [왼코 줄이기, 겉뜨기 8코, 오른코 줄이기] 해서 10코로 줄입니다.

29. 97단에서 [오른코 줄이기, 겉뜨기 6코, 왼코 줄이기] 해서 8코로 줄입니다.

30. 98단에서 [왼코 줄이기, 겉뜨기 4코, 오른코 줄이기] 해서 6코로 줄입니다.

31. 99단에서 [오른코 줄이기, 겉뜨기 2코, 왼코 줄이기] 해서 4코로 줄입니다.

32. 코막음을 하고 실을 끊지 않은 상태에서 바로 코바늘로 단춧구멍 작업을 합니다.

33. 사슬뜨기 4코를 하고, 첫 코에 빼뜨기해서 단춧구멍을 만듭니다.

34. 남은 실을 정리합니다.

35. 앞면과 뒷면, 두 장의 편물을 안감 면이 서로 마주 보도록 포개어 놓고 윗부분을 제외한
   3면을 메리야스 꿰매기를 합니다.

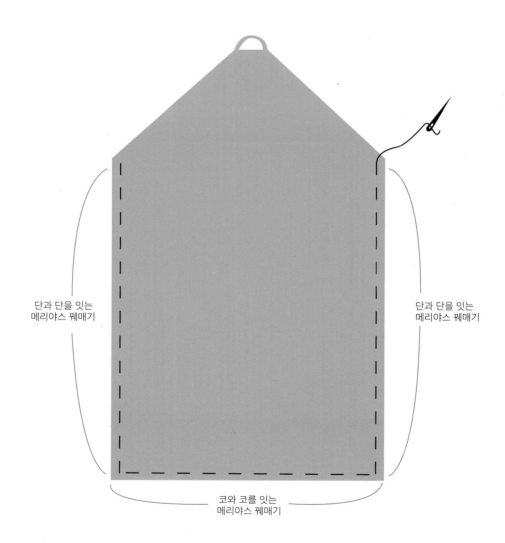

단과 단을 잇는
메리야스 꿰매기

단과 단을 잇는
메리야스 꿰매기

코와 코를 잇는
메리야스 꿰매기

36. 남은 실을 정리하고 덮개를 내려서 단추 위치를 확인합니다. 바느질용 실과 바늘로 단추를 바느질합니다.

* 사용하는 노트북이나 아이패드의 사이즈를 재서 콧수와 단수를 알맞게 수정하여 사용하세요.

* 콧수는 5의 배수, 단수는 10의 배수로 계산하면 패턴이 깨지지 않습니다.

PocoGrande's Knitting

쿠션 커버

눈도 즐겁고 쓰임새도 좋은 쿠션 커버 세트입니다. 계절에
따라 여러 컬러로 만들어서 소품 하나로 공간의 분위기를 확
바꿔보는 것도 좋겠어요.

강아지

완성품 사이즈

가로 37cm, 세로 28cm

사용한 도구

4mm 줄바늘, 7호 모사용 코바늘, 돗바늘, 끝이 뾰족한 돗바늘, 바느질용 실과 바늘, 가위, 지름이 1.5cm 이상인 단추 3개, 가로 40x세로 30cm 사이즈의 쿠션

사용한 실

바탕_ 흰색(wool and the gang 'billie jean yarn' #ecru white) 2타래, 갈색(loopy mango 'dream' #camel) 1타래,
　　　파란색(loopy mango 'dream' #moody blue), 연두색(wool and the gang 'alpachino merino' #lime sorbet)
울 자수실 검은색, 흰색

게이지

가로 1cm = 2코, 세로 1cm = 3단

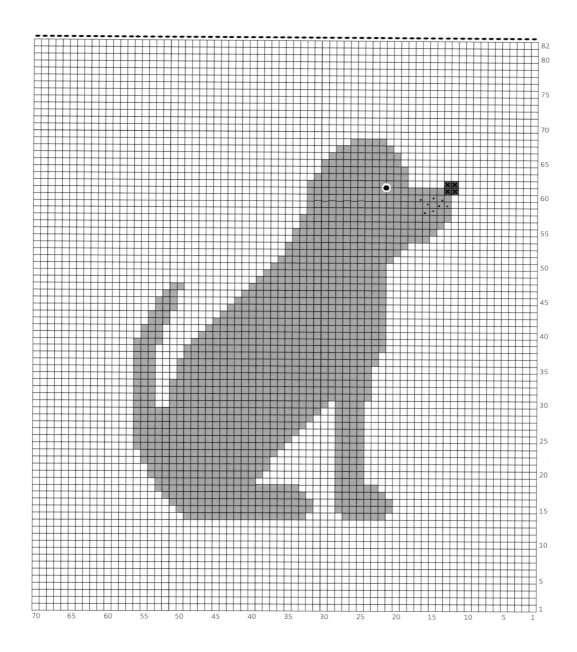

앞면

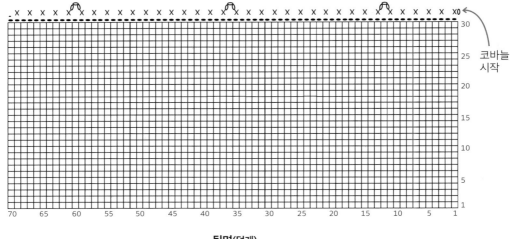

x x x x x x x x x x x x x x x x x x x x x x x x x x x x x x x x x x x x x x x x x x x x X0

30
25
20
15
10
5
1

코바늘
시작

70   65   60   55   50   45   40   35   30   25   20   15   10   5   1

뒷면(덮개)

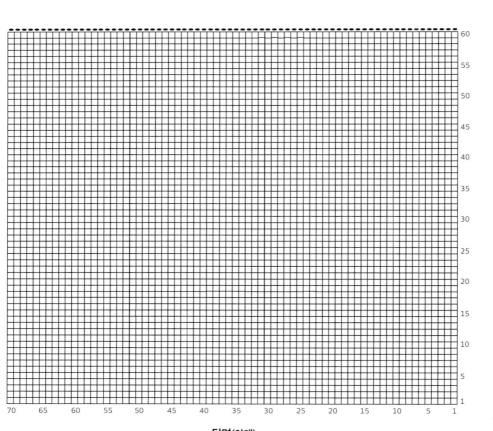

60
55
50
45
40
35
30
25
20
15
10
5
1

70   65   60   55   50   45   40   35   30   25   20   15   10   5   1

뒷면(아래)

뜨는 방법

1. 바탕실로 앞면 시작코 70코를 만듭니다.

2. 평뜨기로 1단부터 13단을 메리야스뜨기 합니다.

3. 14단에서 68단을 도안대로 배색뜨기 합니다.

4. 69단에서 82단을 메리야스뜨기 합니다.

5. 코막음하고, 도안대로 강아지의 코를 메리야스 자수로 표현합니다.

6. 남은 실을 정리합니다.

7. 바탕실로 뒷면 아랫부분 시작코 70코를 만듭니다.

8. 평뜨기로 1단에서 60단을 메리야스뜨기 합니다.

9. 코막음하고, 꼬리실을 90cm 정도 넉넉하게 남깁니다.

10. 바탕실로 뒷면 덮개 부분 시작코 70코를 만듭니다.

11. 평뜨기로 1단에서 30단을 메리야스뜨기 합니다.

12. 코막음을 하고 테두리 작업을 합니다.

13. 도안대로 짧은뜨기로 테두리를 만들며 중간에 사슬뜨기로 단춧구멍 3개를 만들어줍니다.

14. 빼뜨기로 마무리하고 꼬리실을 90cm 정도 남깁니다.

15. 앞면과 뒷면 아래 부분의 편물을 안감 면이 서로 마주 보도록 포개어놓고 가운데 부분을 제외한 3면을 꼬리실로 메리야스 꿰매기를 합니다.

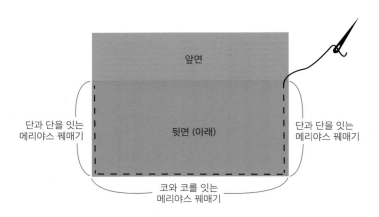

16. 앞면과 뒷면 덮개 부분의 편물을 안감 면이 서로 마주 보도록 포개어놓고 가운데 부분을 제외한 3면을 꼬리실로 메리야스 꿰매기를 합니다.

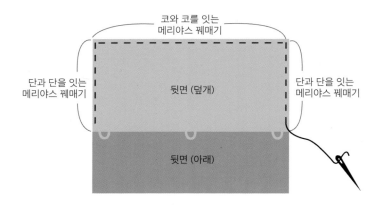

17. 강아지의 눈과 주근깨를 자수로 표현합니다.

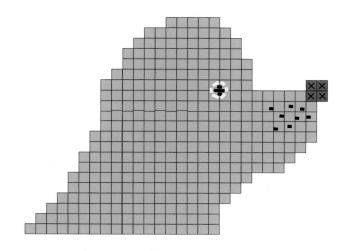

18. 남은 실을 정리하고 단추를 달아주세요.

19. 커버를 쿠션에 씌우고 모양을 잡아주세요.

고양이

완성품 사이즈
가로 37cm, 세로 28cm

사용한 도구
4mm 줄바늘, 7호 모사용 코바늘, 돗바늘, 끝이 뾰족한 돗바늘, 가위, 바느질용 실과 바늘, 지름이 1.5cm 이상인 단추 3개, 가로 40x세로 30cm 사이즈의 쿠션

사용한 실
바탕_ 연한카키색(wool and the gang 'shiny happy cotton' #eucalyptus green) 2타래, 회색(wool and the gang 'take care mohair' #lazy latte) 1타래

울 자수실 검은색, 노란색, 주황색

게이지
가로 1cm = 2코, 세로 1cm = 3단

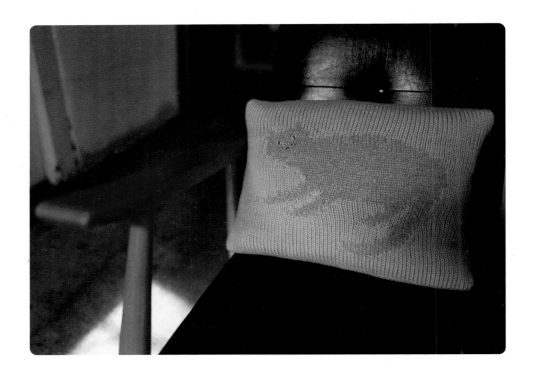

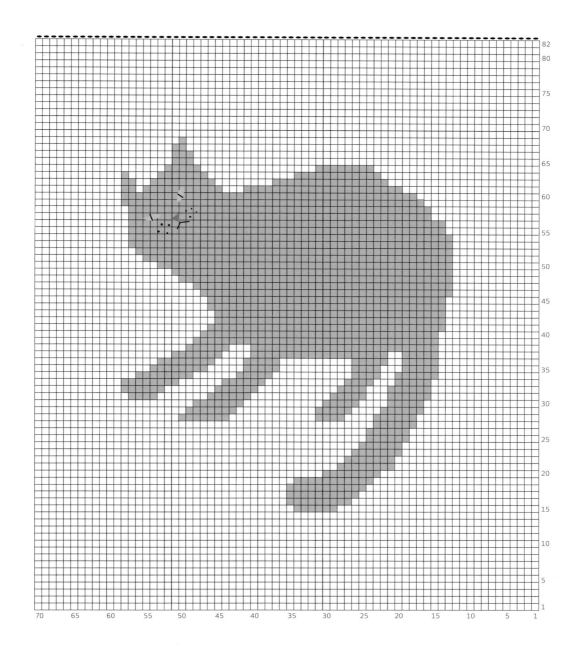

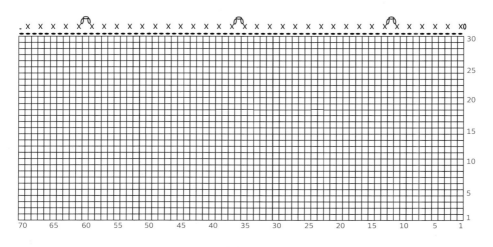

뒷면(덮개)

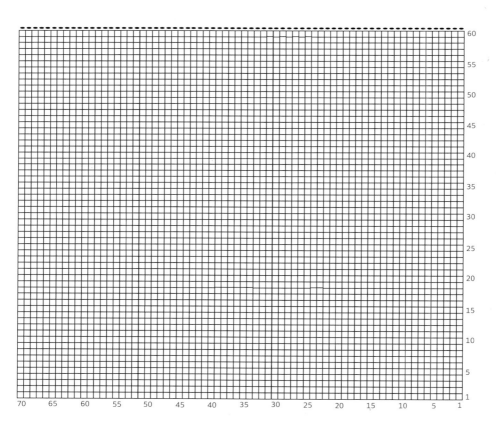

뒷면(아래)

뜨는 방법

1. 바탕실로 앞면 시작코 70코를 만듭니다.

2. 평뜨기로 1단부터 14단을 메리야스뜨기 합니다.

3. 15단에서 68단을 도안대로 배색뜨기 합니다.

4. 69단에서 82단을 메리야스뜨기 합니다.

5. 코막음 하고, 도안대로 강아지의 코를 메리야스 자수로 표현합니다.

6. 남은 실을 정리합니다.

7. 바탕실로 뒷면 아랫부분 시작코 70코를 만듭니다.

8. 평뜨기로 1단에서 60단을 메리야스뜨기 합니다.

9. 코막음하고, 꼬리실을 90cm 정도 넉넉하게 남깁니다.

10. 바탕실로 뒷면 덮개 부분 시작코 70코를 만듭니다.

11. 평뜨기로 1단에서 30단을 메리야스뜨기 합니다.

12. 코막음을 하고 실을 끊지 않은 상태에서 바로 코바늘로 테두리 작업을 합니다.

13. 도안대로 짧은뜨기로 테두리를 만들며 중간에 사슬뜨기로 단춧구멍 3개를 만들어줍니다.

14. 빼뜨기로 마무리하고 꼬리실을 90cm 정도 남깁니다.

15. 앞면과 뒷면 아래 부분의 편물을 안감 면이 서로 마주 보도록 포개어놓고 가운데 부분을 제외한 3면을 꼬리실로 메리야스 꿰매기를 합니다.

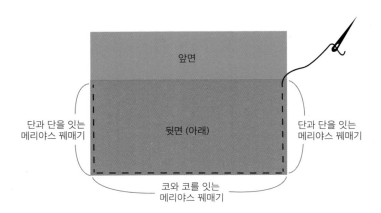

16. 앞면과 뒷면 덮개 부분의 편물을 안감 면이 서로 마주 보도록 포개어놓고 가운데 부분을 제외한 3면을 꼬리실로 메리야스 꿰매기를 합니다.

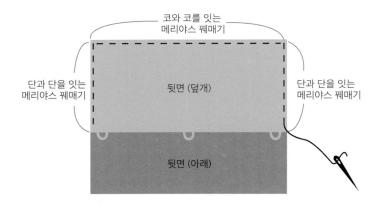

17. 고양이의 눈, 코, 입과 주근깨를 자수로 표현합니다.

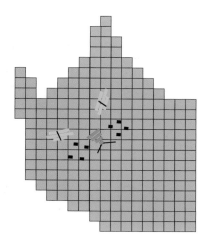

18. 남은 실을 정리하고 단추를 달아주세요.

19. 커버를 쿠션에 씌우고 모양을 잡아주세요.

우주 담요

우주를 떠올리면 생각나는 흥미로운 아이콘들을 실로 표현
해보았습니다. 여러 조각을 이어 붙여 만든 듯한 디자인으로
9개의 네모난 패턴을 마음대로 배치해서 나만의 담요로 만들
어보세요.

완성품 사이즈

가로 75cm, 세로 67cm

사용한 도구

3mm 대바늘, 4호 모사용 코바늘, 돗바늘, 가위

사용한 실

바탕_검은색(linea 'daily wool' #18) 10타래, 배색에 사용할 실은 컬러별로 1타래씩

<우주비행사> 흰색 (linea 'daily wool' #2), 하늘색(linea 'daily wool' #23), 은색(rico 'ricorumi dk' #silver)

<지구> 하늘색(linea 'daily wool' #23), 형광연두색(linea 'daily wool' #28)

<토성> 주황색(yokota 'iroiro' #39), 연보라색(linea 'daily wool' #33)

<로켓> 빨간색(yokota 'iroiro' #37), 연회색(yokota 'iroiro' #50), 초록색(yokota 'iroiro' #23)

<별> 노란색(linea 'daily wool' #4)

<달> 연노란색(yokota 'iroiro' #32)

<비행접시> 연회색(yokota 'iroiro' #50), 진분홍색(linea 'daily wool' #26)

<외계인> 갈색(yokota 'iroiro' #8)

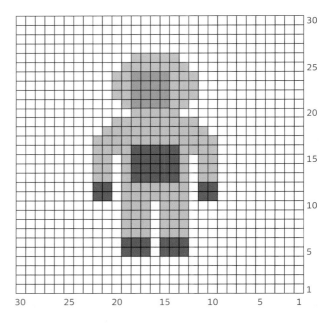

우주비행사

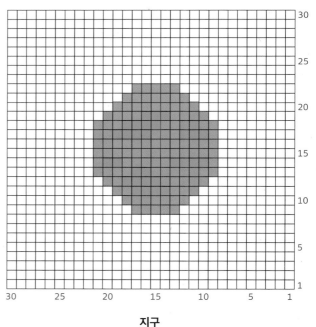

지구

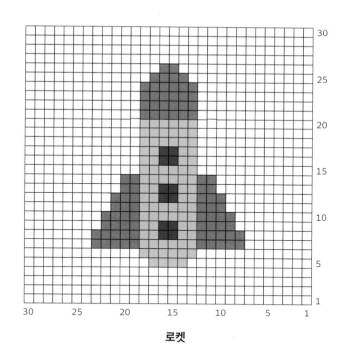

로켓

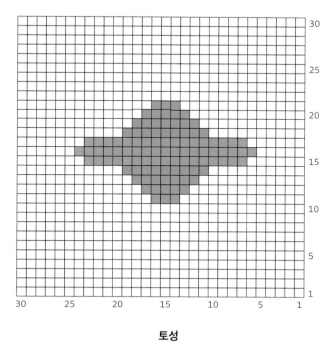

토성

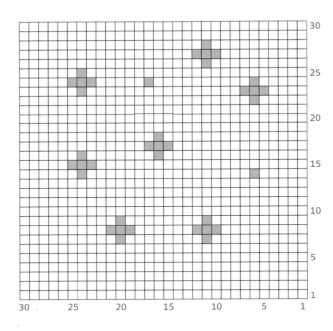

별

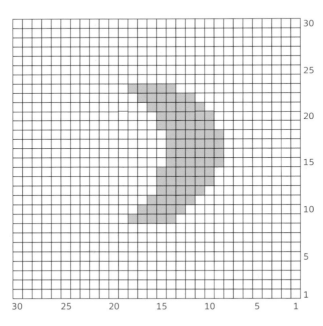

달

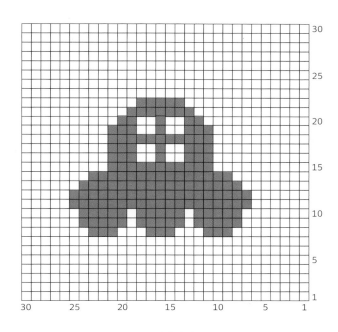

비행접시

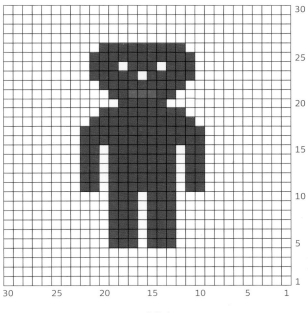

외계인

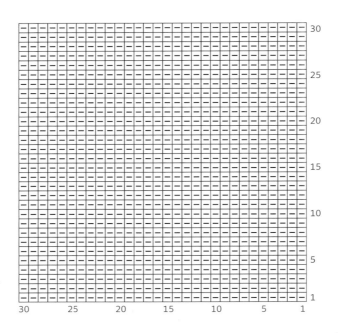

무지

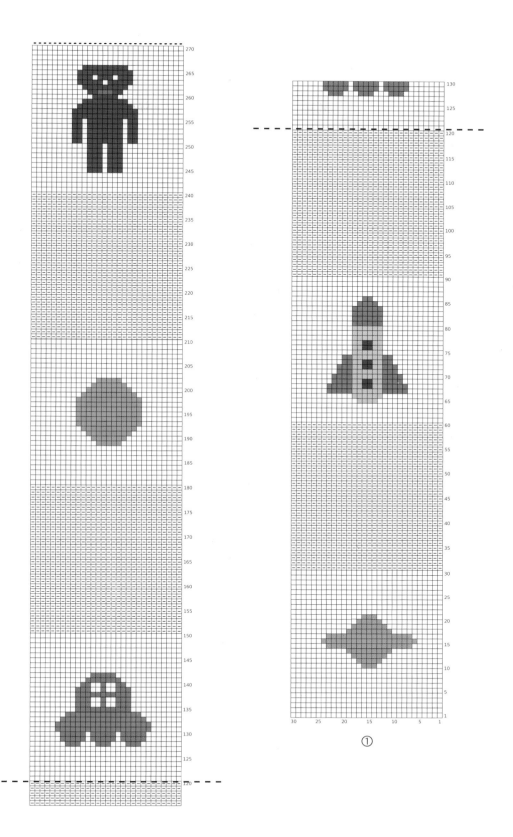

①

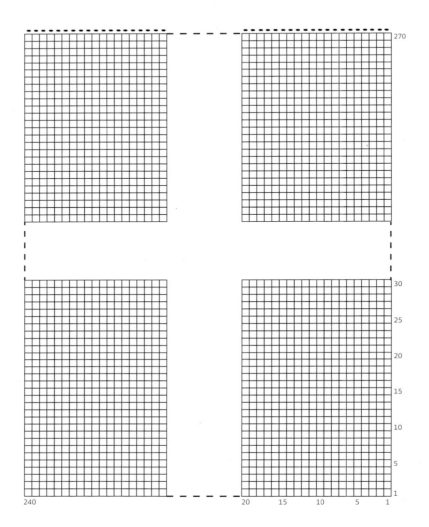

270

30

25

20

15

10

5

1

240

20   15   10   5   1

뒷면

뜨는 방법

1. 바탕 실로 앞면 ①번 패턴의 시작코 30코를 만듭니다.

2. 평뜨기로 1단부터 30단을 〈토성〉 도안대로 배색뜨기 합니다.

3. 31단부터 60단은 안뜨기부터 시작해서 메리야스뜨기 30단을 합니다.

4. 61단부터 90단은 〈로켓〉 도안대로 배색뜨기 합니다.

5. 91단부터 120단은 안뜨기부터 시작해서 메리야스뜨기 30단을 합니다.

6. 121단부터 150단은 〈비행접시〉 도안대로 배색뜨기 합니다.

7. 151단부터 180단은 안뜨기부터 시작해서 메리야스뜨기 30단을 합니다.

8. 181단부터 210단은 〈지구〉 도안대로 배색뜨기 합니다.

9. 211단부터 240단은 안뜨기부터 시작해서 메리야스뜨기 30단을 합니다.

10. 241단부터 270단은 〈외계인〉 도안대로 배색뜨기 합니다. 코막음하고 남은 실을 정리합니다.

11. 같은 방법으로 패턴 ②~⑧번을 만듭니다.

겉감 면 코와 안감 면 코를
잇는 메리야스 꿰매기

외계인	무지	달	무지	지구	무지	비행접시	무지
무지	별	무지	별	무지	로켓	무지	우주비행사
지구	무지	우주비행사	무지	별	무지	외계인	무지
무지	별	무지	별	무지	달	무지	별
비행접시	무지	별	무지	토성	무지	별	무지
무지	달	무지	지구	무지	비행접시	무지	지구
로켓	무지	외계인	무지	별	무지	토성	무지
무지	별	무지	우주비행사	무지	외계인	무지	달
토성	무지	비행접시	무지	별	무지	로켓	무지
①	②	③	④	⑤	⑥	⑦	⑧

앞면

12. 패턴을 순서대로 놓고, 겉감 면 코와 안감 면 코를 잇는 메리야스 꿰매기로 8조각을 이어줍니다.

13. 바탕실로 뒷면 시작코 240코를 만듭니다.

14. 평뜨기로 270단을 메리야스뜨기 합니다.

   * 뒷면을 뜨지 않고 천으로 덧대어 바느질해도 좋습니다.

15. 코막음을 하고 실을 끊지 않은 상태에서 두 장의 편물을 안감 면이 서로 마주 보도록 포개어놓고, 바로 코바늘로 테두리 작업을 합니다.

16. 가로는 매 코마다 짧은뜨기 1코, 세로는 2단마다 짧은뜨기 1코를 떠 넣어 편물이 말리지 않도록 테두리를 만듭니다.

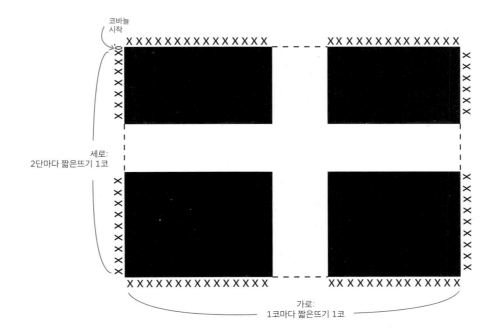

17. 빼뜨기로 마무리한 후, 남은 실을 정리하고 모양을 잡습니다.

* 담요의 사이즈는 원하는 대로 네모 칸(30코x30단)을 추가해서 얼마든지 크게 혹은 작게 만들 수 있습니다.

* 패턴들을 어디에 어떻게 배치하느냐에 따라 전혀 다른 무드의 담요가 탄생하니 재미있게 만들어보세요.

Special thanks to

끝으로 이 책을 만들기까지 뒤에서 많은 도움을 준 가족들과 지인들, 촬영
장소를 제공해주신 카페 슬로우레시피, 그림 사용을 허락해주신 엘 작가
님, 함께 책을 만들어주신 팜파스출판사 그리고 기다려주시고 응원해주신
많은 분께 감사의 말씀을 전합니다.

주요 실 구입처
www.playwool.com
www.linea.kr
kpcyarn.co.kr

포코그란데의 손뜨개 소품

초판 1쇄 발행 2021년 1월 25일
초판 2쇄 발행 2025년 2월 1일

지은이 강보송
펴낸이 이지은
펴낸곳 팜파스
기획 · 진행 이진아
편집 정은아
디자인 박진희
마케팅 김민경, 김서희

출판등록 2002년 12월 30일 제10-2536호
주소 서울시 마포구 어울마당로5길 18 팜파스빌딩 2층
대표전화 02-335-3681   **팩스** 02-335-3743
홈페이지 www.pampasbook.com | blog.naver.com/pampasbook
페이스북 www.facebook.com/pampasbook2018
인스타그램 www.instagram.com/pampasbook
이메일 pampas@pampasbook.com

값 18,000원
ISBN 979-11-7026-379-1 (13590)

이 도서의 국립중앙도서관 출판예정도서목록(CIP)은 서지정보유통지원시스템 홈페이지
(http://seoji.nl.go.kr)와 국가자료공동목록시스템(http://www.nl.go.kr/kolisnet)에서
이용하실 수 있습니다.(CIP제어번호: CIP2020054966)